發條法則

CLOCKWORK, REVISED AND EXPANDED

Design Your Business to Run Itself

讓事業自動運轉、人生不空轉的最強法則

Mike Michalowicz

麥克・米卡洛維茲——著 沈聿德——譯

獻給傑森・巴克（Jason Barker）。你啟發了我。

目錄

第一階段　校準

培養組織效率的根本階段，確保公司的作為、背後的原因以及所為對象，三者協調一致。

第6章 追蹤記錄工時

第7章 捨棄、移轉、削減或珍藏

你的團隊將變得更具自主力及韌性，而你事業的獲利與影響力，都將獲得全面的提升。

第9章　平衡你的團隊

第10章　找出瓶頸，加以突破

推薦序

企業能不能沒有你，放個長假就知道

《創業的飛躍》與《拉力》的作者，奇諾．威克曼

我有個原則：我極少幫人寫序。不過，偶爾受情勢所逼，只得打破原則。《發條法則》這本書，就是一例。

這本書會改變你的人生。我不是隨口說說，而是很驕傲地告訴各位。我跟麥克都一樣熱衷於協助創業人士成功。這是我人生的職志。他也以此為志。

我們倆之所以是業界的天作之合，原因在於我做的是協助創業的第一階段與第三階段，而他則專攻創業的第二階段，藉以消除之間的斷差。

有人對創業階段不熟悉嗎？我來解釋。首先，讓我問各位一個問題：是你經營自己的事業，還是你的事業在管控你？

如果你是傳統的企業主，那麼，你的事業在管控你。

每個成功的創業家都經歷過三個企業壽命的階段。第一階段是創立企業的發想期，第二階段是新創產業的存活期，而第三階段則是成長期。

想在第一階段成功投入市場，你得先判定自己適不適合創業。這叫創業躍進期（Entrepreneurial Leap stage）（這也是我撰寫《創業的飛躍》〔*Entrepreneurial Leap*〕那本書的原因）。想成功地安然度過第二階段，你就必須從企業關鍵角色當中抽離出來，這個企業才能在不倚靠你的情況下運作得宜。這就是自動發條期（Clockwork stage）（此即麥克撰寫《發條法則》的由來）。至於到了第三階段，你則必須用一套駕馭人力的作業系統，擴張企業。這叫建立口碑期（Traction stage）（所以我才又寫了《拉力》〔*Traction*〕那本書）。

我自己就體驗過這樣的歷程——三個階段我都親身經歷過。我直接透過第一手經驗，清楚曉得創業這條路多麼艱辛。我還花了很多年的時間，致力研發企業的作業系統。我把這種系統稱為創業作業系統（Entrepreneurial Operating System，簡稱 EOS）。

隨著你的公司從十位員工成長為數百位員工，你的企業就一定要有一套作業系統。你得打造一個緊密合作的領導團隊。你需要一統你企業當中的所有部分，無間合作，聯合向前，才能有所突破，開心享受下一個階段。你需要像計分卡、待處理事項列表、願景規劃、人員系統還有備檔程序這類的工具與訓練。這是企業的成長階段，在此期間，企業將創造出幾千萬、甚至幾億的收入。

假如你還沒有創業，那你需要評估各種選項，同時做好相應的準備。你得知道，想增加成功機率，自己必得具備什麼特點。你得做好準備再踏進第一階段，而不是就這麼一頭栽進去。就像食譜一樣，如果你用的是對的食材，那就有機會煮出一道大師級的美食。話說回來，要是你沒有對的材料，那麼，無論再怎麼努力，也完全沒機會成功。

過了創業躍進期後，進入建立口碑期之前，會有一塊絆腳石。這算是某種創業障礙之一。這是對你最不利的時期。在這個時期裡，身為創業家的你會分身乏術。你會叫別人做事，但同時自己也會想做。此時的你，可能會感覺不如不要有員工，什麼事都自己來就好。你告訴自己，這麼一來比較容易。你認為「沒有人能做得了我的事」。你希望有人可以複製你。

到了這個時期，你要做的，就是別當唯一的領導人，同時放開自己的控制。此一時期，會讓你感到害怕，覺得一切毫不牢靠，而且可惜的是，大部分的創業者最多都只走到這一步。他們大部分都被無止盡地困在這個創業煉獄的第二階段。不然就是乾脆放棄，走回一人公司（solopreneur）的老路。就是因為這樣，我才深深相信，我的研究，跟麥克在《發條法則》中的研究，根本是絕配。有了這本書，你會輕輕鬆鬆度過第二階段。

第二階段在很大程度上就是一種心態。你必須從工作執行者（或者為其他工作執行者們做一切決策的人），轉變成純然的授權者——也就是結果的分配。你得為公司擘畫願景，同時協調你所有的資源，以成就那樣的願景。接下來，你就務必不要再把自己視為最重要的人，而是讓你的團隊，實現那個願景。

以為自己的事業總有一天會不用靠別人而開始自己運作，這是謬論。你不會哪天一覺醒來，就發現所有的營運業務都順利進行。你的事業不會因為多一個大客戶就成功；也不是只要自己再多扛一年，事業就會大鳴大放。本來就沒有一夜成功或突然水到渠成這回事。透過自動發條階段，讓你的企業轉換過渡，這是一種過程。隨著你的企業開始自己運作，你就會慢慢地撤除公司對你的倚賴。

你能立刻改變的，就是自己的心態。你在建立一家公司，而不是替一家公司做事——建立才是關鍵。建立公司就像拼拼圖，你的工作，就是把一塊塊拼圖放到正確的位置上。

準備好讓你的企業自己運作了嗎？先問問自己一個簡單的問題：如果我接下來四個禮拜，都不能親身也無法連線工作，那麼，我的企業存活得下去嗎？

在《發條法則》這本書裡，麥克認為，放四個禮拜的假，是檢驗企業能否自行運作的決定性考驗，我也贊成。過去二十多年來，我每年八月都休一整個月的假。這是我所謂的「一個月公休假」。在我把EOS全球訓練公司（EOS Worldwide）從一人公司變成兩百人公司的整個建立過程裡，我每年都放一個月的假。你也可以像我這樣做。要是你認為自己無法離開公司四週，甚至連四天都不行，那我們就得好好解決這個問題。

你會發現，這本書從頭到尾都提供了簡單的技巧，保證能讓你的企業成長、突破，同時自行運作。你會學到如何找出公司的核心，加以實現，予以保護。你和你正在成長的團隊，會努力找到你們的企業需要改善的瓶頸所在，也就是「時間堆」（Time Piles）。

可以的話，容我總結一下上述內容，同時大膽地提供幾點建議讓大家想想。假如你正認真打算初次創業的話，那麼，讀讀《創業的飛躍》這本書。如此，你會更有能力踏出成功開始的一步。

假如你的公司正朝著達到十人以上的規模邁進，那麼，讀讀《拉力》。

還有，假如你正處在第二階段，公司只有你一人或幾個員工，而你因為公司總是需要你所以無法離開，或者感覺放四週的假根本行不通——那麼，你就該讀讀《發條法則》。

《創業的飛躍》是你踏出第一步的起點，《拉力》是你的終站，而《發條法則》則是把起點和終點連結起來的橋樑。

你會在本書的內容裡，找到缺少的那一環，進而讓自己的企業和心態準備好迎接下一個成長階段。你會從「為了你的企業而做」，成功過渡為「讓你的企業為你而做」。很快你就會擁有一個自己運作的企業了。

祝各位讀者大獲成功。那是你們應得的。

導論
運用發條法則，不只是為了你

再一天就好，「只要再做一天」差不多的事就好——這可能是你一生中犯過代價最大的錯誤。但這樣的苦差事到此為止。你不用再成天苦幹了。是時候該讓你的企業自己運作了。這是你的公司需要的。你也需要。而且，你生命裡的人都迫不及待希望這早日發生。他們的渴望程度，或許你永遠也不會知道。

傑森．巴克這位老闆曾寄了一張照片給我。照片裡的他坐在飛機的緊急逃生口走道邊，高舉一張牌子，上頭寫著：「謝謝你，麥克．米卡洛維茲！」他正準備出發，與男性友人們來趟年度週末遊。過去，傑森因為無法離開自己的事業，所以幾乎每次都缺席，甚至連玩個週末也不行。但今年可不同了。傑森採行了自動發條系統（Clockwork system），讓自己有空休閒娛樂，好好放鬆，經營友誼。那張照片讓我很感動。那是打從心底的深深撼動。

「這張照片是最近我跟十二個朋友一起去鳳凰城（Phoenix）玩，在返家路上拍的」，傑森再次捎來郵件。「我們大家每年都一起去看我們的奧勒岡州立大學美式足球海獺隊（Oregon State Beavers），他們去哪裡比賽，我們就去哪裡看。我通常都因為時間早有安排、被我的事業困住，沒辦法參加。」

被我的事業困住。我經常聽到創業家這麼說。

「不過，大概一年前，我一讀完你的書，就開始採行你的自動發條法。當時，跟了我二十三年的分公司經理才剛走進我的辦公室，告訴我他要離職。我非常震驚，對我而言那真是個很大的轉捩點！結果證實，我一邊尋覓新經理的同時，正好可以實施自動發條法，這時機再好不過了。」

一九八三年時，傑森在奧勒岡州的比美頓市（Beaverton）創立了Fresh Start Detail公司。過去，他不是跟朋友們說「今年」因為他「太忙」所以「不行」，就是因為有急事要救火，所以在最後一刻突然跟人家說不行。少數幾次，他真的參加了，卻人在心

照片授權：來自傑森・巴克，為了感謝麥克・米卡洛維茲而拍的照片

不在。他會很操煩自己的公司狀況如何。他的小團隊有沒有把事情完成好？客戶有沒有得到服務？客戶是不是都去找別人了，再也不找他們？

沒有人創業是為了讓自己被事業困住。你的事業應該絕對以你為主，是為了你的自由而建立的平台。讓你擁有做自己想做的事的自由。以傑森為例，就是跟自己的朋友共度寶貴時光的自由。

「中間跳過幾個月。我今年不只能輕輕鬆鬆跟大夥們出遊，甚至還可以提早一天出發，跟好友們共度更多時光」，傑森接著在信裡這麼說道。「不過，旅途期間，有天我們大家才在餐廳一起吃完早餐，其中一個朋友就心臟病發，當場去世。這麼說來，我為什麼要謝謝你呢？因為，原本我以為採用了你的系統，我才有很棒的四天假期，沒想到，這個假期竟然讓我能陪著摯友，共度他人生的最後四天。」

讀到這裡的時候，我真的深受震撼。各位，你也有這樣的感覺嗎？或者最起碼改變了你的看法？自動發條系統的重點，不在於不用那麼勞心費力地工作，而是用你想要的方式過活。一旦你的企業會自己運作，你就有自由，可以做讓自己快樂與滿足的事，還不必擔心要犧牲自己的事業。

自動發條系統也不是要你拋下自己的企業。重點在於你有選擇的自由。如果你熱愛自己的工作，那麼，在努力打拚的同時，你有自由不必做自己不擅長或不喜歡的事。如果你想一個禮拜工作二十個小時，你可以。如果你想放個長假充電，你可以。如果你只是想讓自己的企業持續自行運作，也沒問題。這一切，自動發條系統都能為你辦到。

多年來，我都鼓勵創業家們暫別自己的事業、放個假（這是為了別讓自己發瘋，但同時也藉機打造一套他們需要的系統，如此一來才**可以**真的去放假），而我看過了好多度假的照片。但傑森的郵件內容是我從未料想到的。我凝視著那張照片，眼眶泛淚。我無法想像如果因為公司「需要他」，結果朋友死時他沒有在場，傑森會作何感受。

身為老闆，我們很習慣錯過些什麼。我們老早就告訴自己，取消計畫就是圓夢要付出的代價。我們得負全責，可不是嗎？既然如此，只要有工作要做，有問題要解決，我們就得出馬。我們不能就這樣放一兩個禮拜的假，然後把自己的事業放一邊。萬一，一切都不像樣了怎麼辦？

根據巴布森大學（Babson University）的研究，美國約有百分之十四的成年人選擇創業，成為企業主。也就是說，如果你幼稚園時有三十個同班同學，日後就有四個同學會成為創業家。然而，美國勞工統計局（US Bureau of Labor Statistics）的報告卻說，只有大約三分之一的人創業十年後還能繼續存活。換句話說，你幼稚園的同班同學只有一人能創業成功。而且，這些人很有可能精疲力竭到OOXX。（我原本想講髒話，但我們講的可是幼稚園學童，怎麼可以講髒話。）

企業主深受「非得親力親為不可」這個問題所苦。自己做工作的理由很多：為了省錢，因為覺得沒有人可以做得跟我們一樣好，因為把事情交給我們認為太嫩、太沒經驗或太不像企業主的人來做，還不如我自己來「簡單一些」。

自己做事，自己就會變成唯一有能力做那件事的人。如此一來，我們就深陷無止境的循環裡，沒有脫身機會。我們開始失去東西——無法重拾的珍貴記憶、一夜安眠（就這點來說，別說一夜了，根本怎麼都睡不好覺）、我們的興趣、我們的休假，甚至還有人會失去自己愛的人。

傑森掙脫了自己的事業，重獲自由，但不是每個人都這樣。我收到的另一封郵件可以清楚說明，事態究竟有可能變得多危急。來信者是賽蕾斯特（Celeste），開頭是這麼說的：

「現在是半夜兩點。我實在苦無對策了才寫這封信給你。我開了一家幼兒園。我們賺不到錢。打從開始以來我就沒有領過薪水。我現在債台高築。今天晚上，我破產了。不只是財務上破產，而是連內心都破成碎片。我告訴自己，立刻了結生命，是解決我困境的最快辦法。」

讀著那封郵件，我覺得自己的心沉重到不行。我為賽蕾斯特感到非常憂慮害怕。同時，她的脆弱，我感同身受。

「請你明白，我並不是寄一封自殺信給你」，賽蕾斯特接著寫道，「而且，目前我也沒有做出這等蠢事的危險。那麼做的話，只會把重擔留給我的家人。要是我單身的話，我就會一了百了了。你知道嗎，我現在兩顆肺都感染了肺炎。我沒有錢請人來打掃我們的幼兒園，寫這封信之前，我已經花了四個小時刷洗地板，清理牆壁。我真是力氣耗盡，疲憊不堪。我在哭，但只是因為我累到連哭都沒力氣，所以不哭了。我好想睡上一覺。我人已經病得很嚴重，卻因為擔心憂慮而睡不了。如今我唯一還能為自己的事業付出的，就只有時間了，但就連我的時間也都用盡了。」

我為賽蕾斯特感到難過極了。作為一個創業家，我人生中也曾經歷過幾次類似的心理狀態，而且，無數我認識的人都曾萬念俱灰，迫切渴望找出解決辦法。這封郵件的最後幾句話，我永遠也忘不了：

「我的夢想究竟怎麼了？我覺得自己動彈不得。我再無半點力氣了。我已經做到極限了。還是說，也許我還可以多做一點。搞不好，我的工作就是我正在盤算的慢性自殺。」

我的夢想究竟怎麼了？這個問題你有同感嗎？讀她的來信時，我深有同感。我們一直工作，一直工作，不知不覺間，這個我們曾經跟朋友們得意分享的生意點子，這個我們曾經在白板上起草的計畫，這個我們跟第一批員工分享的願景，似乎成了遠大目標的朦朧記憶。

我想跟賽蕾斯特聯繫，但她從來沒有回覆。我把她的故事寫進原版的《發條法則》，多少是因為我希望她能讀到，跟我聯絡，可是，她從來也沒有。我時常想起她，祈禱她平安無事。

賽蕾斯特並沒有阻礙自己事業的發展。問題出在她那套系統——而且，這是有辦法解決的。

或許你能理解賽蕾斯特。也或許你的處境沒那麼急迫（我希望如此），你努力做事，讓自己的事業持續往前，不願放棄。無論是哪一種情況，你可能從來都不覺得自己可以放慢腳步，可以在自己的事業上**少**花一些時間與精力。為什麼會這樣呢？

我認識的創業人士，大多凡事親力親為。就算我們找來幫手，不該再擔心大小事，但我們還是花一樣多的時間在告訴團隊要**怎麼**做那些事。搞不好花的時間還更多。我們要當救火隊。我們熬夜加班。然後，我們要救更多的火。我們週末也工作、節假日也工作，答應家人的事最後一刻卻失約，要跟朋友晚上出去聚會卻放人鴿子。接著我們要救的火甚至更多了。我們硬撐，更加賣力苦撐。我們以打造健全事業為名，卻犧牲了自己的健康。我們可一點也不健全。

諷刺就諷刺在這兒：即便事業順順利利，我們還是一樣累到不行。我們得趁著事情還順利時更加努力工作，因為「天曉得這種情況會持續多久？」而我們萬萬不該錯失的成長良機、對爆炸性成長至關重要的遠見卓識、我們**熱愛**的事——這一切都被深埋於大量的文件與待辦事項之下，再也找不著了。

眼看我們就要搞砸了。大家都一樣。成長中的企業**以及**就要崩垮的企業，都最愛把「更加努力」掛在嘴上。創業人士、企業主、領導人、擁有五星考評的員工，以及努力想辦法要跟上的人，大家最相信的話就是「更加努力」。比其他人工時更長、工作更努力、做事更快速的那種變態自豪感，已經主導整個業界。我們不是在跑馬拉松賽，而是在衝刺十碼。對這種生活方式深信不疑的人，除非有所改變，否則下場就是身心不支。還可能兩顆肺都感染肺炎。

我希望諸位明白，不是只有你經歷這一切。不是只有你這個創業人士覺得自己一定得更加努力，不參加親友出遊、累得像狗一樣，並且困惑著自己還能維持這樣的工作強度多久。不是只有你這個企業主不懂，為何自己所有的改進都沒能提高利潤、沒能招來更多客戶，還沒能幫你留住好的團隊成員，或最起碼還給你一點點寶貴時間。不是只有你因為覺得自己進退維谷，渴望找出答案（而且渴望有時間打個盹），所以才讀這本書。從前的我就是這樣，多年來跟我聊過的許多創業人士，也是如此。

這本書源自一個我捫心自問的重要問題：在不需要我一人獨攬大小事，或什麼事都不用親力親為的情況下，我的企業，能否達到我所展望的那種規模、獲利能力以及影響力？這個問題，讓我踏上數十年的尋找答案之路——為我自己，以及我服務的企業主和創業家找答案。**為各位讀者找答案**。

各位如果對我先前寫的書不熟，或者還沒聽過我的演講，那麼，我希望你知道這件事：**根除創業貧窮**是我的人生使命。我的職志就是讓創業人士不再有所欠缺：缺錢、缺時間、缺生活。在我的書《獲利優先》（*Profit First*）裡，我企圖要擊敗的，是逼得大多數創業人士信心全失的怪獸之一：缺錢。而在這本書中，我們要殺的是一隻更大的怪獸：缺時間。

無論你要尋求的是什麼答案，在這本書裡，你都會找到既真實又能執行的經營效率策略；這些策略，對無數的創業人士和企業主都有效，對我也是。

我們的目標，不是要你在一天裡擠出更多時間。那是企業營運的暴力式手法，何況，就算你可以擠出更多時間，你也只會用更多工作填滿那些時間而已。達到組織效率才是我們的目標。

各位即將要學的，是如何輕鬆改變你的心態與日常營運；這些簡單卻效果強大的改變，會讓你的企業自動運作。工作過度的諸位朋友啊，我講的是可預期的結果唷。我講的是你可以自由地專心做自己最擅長、最**熱愛**的事。親愛的朋友，這才是打造出真正成功企業的不二法門——也就是解放我們自己，去做我們最擅長也最熱愛的事。

我們同時也要讓你從單調的苦差事中解放。我們會拯救你，讓你不用再持續不斷地被時間、體力、心神**還有**銀行帳戶牽著鼻子走。沒錯，能泰然自若地面對自己的企業，這是有可能辦得到的。沒錯，重拾公司草創時自己心裡的那種樂觀態度，這是可能發生的。沒錯，不用做任何日常工作，你的企業也能擴張，這是可能實現的。事實上，你非得讓自己抽身不可。

你需要**遠離**你的企業，讓它喘口氣，如此一來，它才不會**只**依賴你。

你得停止獨攬一切工作。你得讓你的企業流線化（streamline），加以精簡、提升效率，這樣它才可以自行運作。我的意思是，你的企業會像一台好好上了油的機器一樣運作。一個具備協調系統的組織，由和你目標、價值觀一致的高效率團隊經營。一個如時鐘般運轉的企業。（這比喻真高明，可不是嗎？）

沒了賈伯斯（Steve Jobs），蘋果繼續運作。沒了玫琳凱（Mary Kay），玫琳凱公司持續營運。沒了惠烈（Bill Hewlett）和普克（David Packard），惠普公司（Hewlett-Packard）也不間斷地發光發熱。這些企業，從某刻起，都擺脫了企業主強大的影響力；企業主則賦予了公司自行運作的獨立性。

獨立是有優勢的。你知道，對你來說，放假是件好事，但對你的企業而言，那卻是**必不可少**的事。這或許徹底違背了你對於自己在企業中的角色的所有認知，然而，從你抽身的那一刻起，你的企業就能真正成長。

各位會發現，書中提供的流程很簡單。我們沒有提供教你硬擠進更多工作的捷徑、花招或破解之道。你們反而會讀到，如何完成最重要的事情且避開不重要的事，同時明白其中的差異。沒錯，我借用了一點《寧靜禱文》（the Serenity Prayer）[1]的內容。哎呀，到了這個節骨眼，別說寧靜了，只要還能不失去理智，你大概就心滿意足了吧。話說回來，照著我在書裡規劃的自動發條階段執行，親愛的，我保證你有機會能重獲寧靜！

諸如傑森與賽蕾斯特（以及各位讀者）寫給我的郵件，就是我持續下去的動力，也是我寫這本擴充修訂版的原因。我已然幫自動發條流程「上了自動發條」。在書裡，你會讀到讀者們的成功故事，這些人實施了自動發條法則，大大改善了他們的企業。你會得知前所未有的「營運假」經歷（一個禮拜、兩個禮拜、四個禮拜甚至更長），以及這些刻意而為的顛覆（disruption），如何協助企業主改善他們的系統，讓企業成長。一如傑森的實例。

傑森的郵件最後還附註了以下的內容：

「我差點忘了要跟你分享另一件小事：上個禮拜，我的妻子突然膽囊阻塞、被送進加護病房，當天我有辦法陪著她，就是因為《發條法則》這本書。事發當時是上班日的下午三點，那是我通常無論如何都不能告假的時間。不過，因為我執行了自動發條系統，所以，我能很快地傳個簡訊給我的店經理，接著把我的業務完全拋在腦後，將一**切**注意力放在妻子身上。這不僅讓我在接下來好幾個小時的緊急事件期間能夠保持冷靜，同時，我的態度也讓其他所有人能夠維持冷靜，因為我沒有為了臨時告假而硬吞壓力。」

「這是一套改變人生的系統。你的書《獲利優先》給了我金錢。《發條法則》又給了我比錢還要寶貴的東西：時間。」

人生的重點在於影響力，而不是時間長短。待我臨死之際，我會問問自己：我是否實現了自己的人生目的；作為個人，我有沒有成長；我是不是真的服務了各位讀者和其他人；還有，我有沒有主動而深切地愛我的家人、朋友，以及所有人類。容我大膽說一句：我認為你們也會

1 譯注：美國神學家雷茵霍爾德・尼布爾〔Reinhold Niebuhr〕所寫的知名禱文。

問自己一樣的問題。

該是時候，按照創業始終不變的本意創業了——成為打造自己企業的建築師，而非承包商。現在就下好決定，堅持以對。先到我的網站clockwork.life，選擇你自己要當什麼樣的創業人。然後，在不久的將來，你要去海邊或山上度假——或兩邊都去。也該是能輕鬆愉快執行策略的時候了。更該是讓自己生活重歸平衡的時候了。這本書會助你一臂之力。

如果你是員工

首先，讓我表揚一下你讀這本書是多了不起的一件事。這表示你在乎自己服務的公司，也在意與自己共事的人。在這本書裡，你將學會自動發條系統如何對你和你所服務的公司起作用。理解箇中道理的過程中，你將得以一窺你老闆的世界。我希望這樣的體認，有助於你更加明白他們的抉擇、碰到的挑戰，還有他們何以選擇將公司自動發條化。我還希望你理解，要完成這項任務，你是重要的一環。你服務的企業就要成長茁壯了，你也會的。

從第2章結尾一直到第10章，你會讀到我特別為了協助你將所學化為實務行動而寫的內容。你在自動發條系統中扮演著缺一不可的角色，要幫助你的公司變得更有效率，你是不可或缺的一員。好好讀這本書，有助於強化你的角色和你的團隊，做更多**你**熱愛的事，同時幫你的僱主實現他們為企業擘劃的願景。

因此，謝謝你。你是被需要的。你是受重視的。而且，你所做的，作用非凡。

我們開始吧。

第 1 章

你的企業「依然」停滯不前的原因

是什麼讓企業主耗盡心力與時間，
卻連一個放鬆的假期都無法擁有？

每年夏天，我和太太克莉絲塔（Krista），都會帶著孩子到澤西海岸（Jersey Shore）找我妹妹一家人玩一個禮拜；對許多像我們這種土生土長的紐澤西（Garden State）[1]人而言，去那兒避暑是傳統。一直到幾年前，我們的避暑之旅大概都是這樣過的：白天時，大家會在海天消磨，然後，大概下午四點左右，大人們就開始喝酒，嘴裡說著要玩到隔天日出的這種大話，接著，晚上七點還不到，就倒頭呼呼大睡。

只不過，我幾乎都沒撐到開喝的時間，也鮮少在海灘上消磨。我在工作。我總是在工作。若不是全神貫注地要完成某個案子，就是全心全意地在開會，就算我沒做這些事，也會利用「幾分鐘時間」偷偷查看郵件。就算我真的到戶外加入大家的行列，也會因為想著工作的事而心不在焉。這不但讓我備感壓力，我的家人也因此相當不悅。

每年，我都會利用「塞不了就臨時抱佛腳」（cram-and-scramble）的伎倆，想辦法打破「工作度假」（workcation）[2]的習慣。首先是硬塞：我會事先把所有的事做完，這麼一來，我「**這**次」終於就能好好享受我的假期，真真正正地跟家人同聚。接著是臨時抱佛腳：度完「放鬆」的假期回到家後，我以為自己只要稍微多湊合湊合，就可以輕輕鬆鬆跟上進度。然而，我的盤算從來都沒用。結果往往事與願違。

最後一次我試圖證明自己真的有能力成功辦到，那簡直是一場災難。我們預計出發的前一天下午，有個客戶出了問題。那個問題我現在根本連記都記不得了；不過，當時我卻認為那個問題重要到我得加班到深夜，想辦法解決。隨後，我還得熬夜完成這場緊急狀況還沒發生前就該做完的事。

等我下班回到家時，已經是破曉時分。我睡了三個小時，接著驅車前往長灘島（Long Beach Island）。（如果你們不是紐澤西人的話，你們需要知道一點：長灘島是真正的澤西海岸，**不是**某個喝酒喝到掛的同名電視節目。[3]）要去海灘前，我決定查看一下信箱，「確認一切沒事」。結果並非如此。當天剩下的其他時間，都被我用來打電話、發郵件了。隔天我終於去到海灘，但心裡卻掛記著公事，而且身體嚴重缺乏睡眠。舊事重演，我又人在心不在。由於我神經緊繃，搞得大家也感受到了，結果還因此破壞了家人的假期。一個人真的就可以搞臭一個地方，毀了大家的玩興。

克莉絲塔對我這種工作狂的態度很無奈，有一天下午，她要我自己一個人去海灘走走——不准帶手機。我看著面對海灘美景的第一排房子，心想：「在這些豪宅裡度假的人，什麼道理都透徹了。」他們擁有財務自由。他們可以放假，不用擔心工作。他們可以好好玩樂，然後再

---

1 譯注：美國各州都有別名，是以各州特色為發想的封號，Garden State是New Jersey的別名，即紐澤西州。
2 譯注：即結合「work」（工作）與「vacation」（假期）的新造詞。
3 譯注：*Jersey Shore*是美國的實境秀電視節目，中文的節目名稱為《玩咖日記》，內容為8位男女夏天到紐澤西海岸打工、跑趴、喝酒玩樂的故事。

回到穩定無虞、還在繼續成長、繼續賺錢的事業上。那就是我想要的。

不過，我再仔細一看，卻發現一個又一個坐在露臺上的人，都狂熱地在筆記型電腦上努力工作。我甚至還看到，沙灘上有人把筆記型電腦放在膝上，不太牢靠；這些人還想辦法要遮一下螢幕，以免太陽反光。這些我以為掌控一切的人，其實和我沒太大不同。我們都在度假期間工作。**搞什麼鬼**？

當時，在我的人生裡，我已經創立了兩家公司，其中一個價值數百萬美元，我賣給了一家私募股權公司，另一個則賣給了某家財星五百大企業（Fortune 500）。我還寫了兩本商業書籍，而且，一年大部分的時間我都在演講，對著數千名創業人士大談如何讓自己的公司自發性地快速成長。聽起來，我過的就是夢想生活，不是嗎？你會以為我再也不用拿出工作狂那一套了。可是，事實並非如此——我又再次於度假期間操煩公事，這就是證明。而且，顯然絕對不是只有我這樣。也不是只有你們這樣。

解方不是解方

我以為，治自己工作狂的解藥，就是提高生產力，而我認識的許多企業主也這麼想。要是我有辦法再多做一點，做快一點，我就能為家人、為自己的健康、為玩樂找出更多時間，我就可以**回去做我真正熱愛的事**。能滿足我內心的事。

我真是大錯特錯。

你我都認識那種極富生產力、一天工作十六個小時的人。你我也絕對都認識那種「在事情塞滿滿的情況下會表現得最好」的人。搞不好你就是這樣的人。容我小小聲吹噓一下，我也曾經是那樣的人。

為了要更有生產力，我什麼方法都試過了：提高專注力的App、番茄鐘工作法（Pomodoro method）、用時間區塊的方式工作。每天從早上四點就開始。每天工作到早上四點結束。待辦事項清單。不要做清單（not-to-do lists）。在黃色便條紙上列清單。在手機上列清單。在清單上只列五件事。在清單上把所有的事都列出來。在更大張的黃色便條紙上列出更多待辦事項。「一天一點不間斷改善」工作法（Don't Break the Chain method）——這很快就變成了「離不開辦公桌」工作法（Chain Myself to My Desk method）。不管我嘗試什麼技巧或破解法，無論我變得多麼有生產力，每天晚上還是過了該上床的時間才鑽進被窩，每天早上還是不到該起床的時間就醒來，而且神奇的是，過了一夜，待辦事項似乎還變多了。我的做事速度或許變快了，然而我的工時並沒有減少。真要說的話，我的工作量還變大了。也許我在許多小案子上有所進展，但我卻得忙更多的新案子。而且，我的時間依然不是自己的。我花了那麼多年研究生產力，到頭來卻落得差事更多。真是徹底失敗。

我剛喋喋不休講的那些生產力策略，就像無效的減肥計畫，我確定的是，就算你還沒嘗試過全部，你也一定有**自己**採取過的方法。想做更多、做更快的渴望，造就了一整套產業。Podcast、文章、書籍；事業策劃小組（mastermind group）與教練；生產力挑戰、日程計畫、日誌，還有軟體。因為我們求之不得，所以，有人推薦下一個生產力解方，我們就信。我們迫切地想做更多、做更快，在不發瘋的情況下用某種方式駕馭所有的工作，以此讓自己的公司成長。

我花了十五年的時間才悟出這個道理。我事實上就以身為生產力大師（其實就是工作狂）自豪。我對這樣的身分得意得很。我可是全國完成任務最快的人呢。（什麼啦？我是說真的啊。）[4]

在《獲利優先》那本書裡，我把帕金森定律（Parkinson's Law）用在利潤上——「我們會不斷消耗資源，以滿足資源的供應」。正如同我們會把所有分配在某件案子上的時間全用來完成那個案子一樣，我們也會把所有的錢花完，這就是為什麼大部分的創業人士賺的錢都沒有他們的員工多，更別說要獲利了。我們可以花的錢越多，就會花越多錢。我們可以用的時間越多，就會花越多時間工作。這下你懂了吧。

導正這樣的行為超級無敵簡單：限制資源，限制使用。舉例來說，收入進帳時或進帳後，你就先分配獲利，把錢藏起來（存進境外銀行），這樣你能花的錢就變少了。一旦你無法隨時取用公司的現金流，就會被迫找出用比較少錢經營的方法。

無論你允許自己用多少時間工作，你都會將那些時間全用來工作。晚上、週末、假期——假如你認為自己需要這些時間，你就會用休假時間工作。這是生產力失效的根本原因。生產力的目標是盡快完成最多工作。問題在於你已經認為，經營事業最重要的就是看似無窮無盡的工作時間，所以，你就會不斷地找出填滿時間的方法。你越有生產力，就能接下越多工作量。你接的工作量越多，就必須變得越有生產力。

沒錯，生產力很重要；我們所有人都需要充分利用自己的時間。不事生產就是在跟經營之神作對。然而，慢慢地我才終於明白，組織效率才是真正的聖杯。生產力讓你進入球場。但組織效率會讓你打出全壘打。

組織效率是指你企業裡的齒輪全都彼此齧合，協調一致。因為你的目標是讓公司的資源運作協調無間，使其產出能最大化，所以，組織效率是最終極的槓桿操作。組織效率就是讓團隊（即便是一人團隊也沒關係）裡最佳的人才做最重要的工作。如何管理資源，讓最重要的工作能完成，而不是總忙著做最迫切的工作——這才是重點。而且，要實現這一切，你就得讓自己脫離日常枯燥的工作才行。

4 譯注：原文為fastest task-ticker-offer，這是模仿美國知名紙巾大廠Bounty的廣告詞Quicker picker upper。是透過文字遊戲新造的詞。原意為the person that ticks off tasks fastest。

生產力講的是做**更多**工作，以增加產出。效率講的則是做**更少**工作，以增加產出。

我有種預感，你八成聽過這種講法。那麼，為什麼你還是像滾輪上的倉鼠，坐困其中呢？

目標不是成長，而是擴大規模

讓公司成長跟擴大公司規模，是不同的。大部分的企業都會成長，卻只有極少數企業的規模能擴大。做更多事以賺取更多錢，你就會讓企業成長。做更少事以賺取更多錢，你就會讓企業規模擴大。這兩者導向（orientations）不同。天差地遠。

我非常肯定各位已經知道如何讓自己的企業成長。成長的方法很簡單：多做一點你已經在做的事即可。做得越多，收益就越多。但這種方法擺脫不了資源受限的問題。你的時間就只有這麼多。你就是只能聘這麼多人。你就是只有這些錢。「多做」是有其上限的。你現在之所以在讀這本書，八成就是因為你已經做到快達上限了吧。要是在此前有效的方式，現在還是有效的話，你何以要尋找其他方法？成長是有效的，但它終有行不通的一天。

諸位可能都有讓公司成長的優良紀錄。我敢說，你現在的企業一定比以往更大。我猜，你大概也經歷過起起落落，並且靠著加倍努力，才度過了事業低谷。你賣了命工作，才讓自己的公司有了今天的樣貌。那一切都算是讓公司成長的工作。諷刺的是，你無法靠著讓企業成長來建立發展良好的企業。很顯然，成長導向（growth orientation）會掏空企業。想讓企業成長的初心，到頭來卻阻止了企業的成長。

成長導向的老調比比皆是：

「我會怎麼做？」

「我們要怎麼做更多、做更快？」

「該是我／我們加倍努力的時候了。」

「突破你自己。」

「更努力工作。」

「趕緊做。」

「使勁做。」

我不是暗指這個方法不值得尊崇。我是說，這種創業的方法很鳥，同時也最常見。但錯誤的做事方式，不會因為有很多人用，就變成正確的。從現在開始，我們要擴大你企業的規模。

在接下來的內容裡，你會學到擴大企業規模的方法。當你轉而以擴大企業規模為目標，時時掛在嘴上的話也會跟著改變。

「誰要做這件事？」（而不是「我要怎麼做這件事？」）

「讓我們做更少、做更好。」（而不是「讓我們做更多、做更快。」）

「我們要怎麼事半功倍？」（而不是「我們要怎麼事倍功倍？」）

「做自己的主人。」（而不是「更加努力突破。」）

「規劃。」（而不是「趕緊做」。）

「擴大規模。」（絕對不是「使勁做」。）

最後一個「擴大規模」是所有方法裡最值得推崇的。如果你是企業主，你的第一要務就是創造差事，而不是自己做差事。擴大規模，你的企業就能發展順利。

你或許會覺得自己的「上限」根本無從測知，但其實不然[5]。我們只需要把心態從成長導向轉為擴大規模導向即可。不要再用頭去敲玻璃天花板，從破洞穿出去了。你看到了嗎？只要遵循上頭寫著「搭電扶梯（ESCALEATOR）[6]到下一樓」的標示走就好。

在創業社群裡，流傳著一則與兩位伐木工人有關的寓言故事。他們決定一較輸贏，看誰一天能劈的柴比較多。接下來的八個小時，兩人分別開始動工。

第一位伐木工人一頭栽進自己的木堆，立刻就開始劈柴。第二位伐木工人也同樣熱力滿滿地照做。一個小時後，第二位伐木工人暫時休息了一下。第一位伐木工人一看到自己的對手離開，就加倍努力。十分鐘後，第二位伐木工人休息完回來，又開始劈柴。再過了一個小時，第二位伐木工人同樣休息十分鐘。這下子，第一位伐木工人更努力了，他知道每次對手休息，他就更超前。

到了第八個小時末，第一位伐木工人驚訝地發現，第二位伐木工人劈的柴竟然幾乎是他的兩倍之多。第一位伐木工人開口問道：「固定的休息是不是讓你得以恢復元氣？為了產出更多，你是不是需要減少工作？」

第二位伐木工人答道：「不是的。我休息時工作最努力，我在磨利我的斧頭。」

擴大企業規模的重點不是減少工作，而是做不同的工作。關於成果，你付出的勞力一定要少一點，但思考要多一些。思考才是難的工作。我可不是隨口說說而已。深思熟慮是最難不過的了。而這也是我們避而遠之的原因。

做事比規劃成果還要容易。繼續用鈍的斧頭砍柴，比停下來磨利斧頭還要容易。損失時間與產能的概念太教人難以接受。沒錯，一把鋒利的斧頭會有所助益，可是停止砍柴的代價我付不起啊。邏輯清楚得很——我們需要一把鋒利的斧頭。不過，我們首先要克服的，就是「只要繼續使勁做就好」的情懷。

你的任務是擴大企業的規模。而你的挑戰就是因應你的任務去思考。深思熟慮的規畫，才

---

5 譯注：本章譯為「上限」的詞，原文為ceiling，意指天花板。業界多以glass ceiling（即「玻璃天花板」）一詞代指多所努力卻無法更上一層樓的侷限窘境。

6 電扶梯原文為escalator，作者寫作時刻意玩文字遊戲，將scale（擴大規模）一詞藏進了escalator裡，造出escaleator這個詞。

是最難也最重要的工作。現在，馬上停止成長，開始擴大規模。

「有一天就會……」的迷思

二〇一三年十一月，我在墨西哥蒙特雷（Monterrey）的INCmty年會上擔任主講人。主講台由《創業這條路》（*The E-Myth*）的作者麥克．葛伯（Michael Gerber）揭開序幕，而《看別人成功，你可以少一次失敗》（*The Art of the Start*）的作者蓋．川崎（Guy Kawasaki）壓軸。其中一天的副講台由我主持，我對此興奮極了。

會議最後一天晚上，我跟麥克和其他人外出用餐。我們聊了《創業這條路》那本書。如果各位還沒讀那本書的話，它所傳達的核心主旨就是「不要**從事**一種企業，而要**改善**那個企業」（to work *on* the business, not *in* the business）。我們所有人都難以理解，為什麼有如此多創業人士領會他書中的道理，卻幾乎沒什麼人照做？假如大部分的創業人士知道他們需要組織效率，那麼，對他們而言（咳咳，還有我），要辦到怎麼會這麼難？

對話的結果很清楚：我們以為，不用親力親為的自由，就像突然開啟的開關一樣，會神奇地現身。我們以為，只要**從事**一種企業久了，努力夠了，有一天，我們就會發現自己在**改善**那個企業。我們還以為，終有一天，一切大小事都會密合無間，協調一致。這是邏輯謬誤——以為這種事情終將發生，好像只要靠著純粹的意志，我們朝五晚九（早上五點到晚上九點）的作息，就能啟動那個「有一天就會」的開關。

那種方法對我沒效，對你也不會有用。要達到自己不再是從事某種企業的苦力的境界，你就得像手術切割那樣慢慢抽離自己才行。要讓你的企業在兩個月、兩年或是二十年內能自行運作的過程，從今時此刻開始。你要有決心地做、持續不斷地做、堅持不懈地做。

我和麥克．葛伯在那個晚上的對話，一定程度地啟發了我寫出這本書。然而，關於為何我們總是不去做我們需要做的事，我也只揭開了這個謎團的一部分而已。

讓人窮忙的生存陷阱

我的第一位企業教練法蘭克．彌奴托洛（Frank Minutolo）曾經這樣跟我說：「健康的企業若有根阻塞的血管，那血管肯定是企業老闆。換句話說，麥克啊，你才是問題。創業家跟其他人沒什麼不同，大家會把熟悉當自在。堅持不懈地工作，讓我們覺得最自在。你嘴裡或許說著『你好痛恨』還有『再也受不了了』這樣的話，但實情是你對它很熟悉。而且，當你熟悉一件事情，儘管那件事讓人討厭，但繼續做下去是最簡單不過的。不要再吹噓你的職業道德了。不要再強迫自己努力突破。還有，拜託，噢求求你，不要再說你在『完成鳥事』了。因為，如果這麼說，就意味著你在做的事是鳥事。」

法蘭克不是說話矯飾的人。畢竟他也是紐澤西人。他曾經接手一家公司，擔任董事長，把收入從零元變成一億美元。他的信譽可不只是街頭巷尾認證而已；他指導的每一個人，都經歷了類似的轉折。

對創業家們來說，「艱苦」已經是一種過於自在的狀態，導致他們會繼續做讓自己處於那個狀態的事。同時，因為他們繼續做這些事，後果就是陷入生存陷阱（Survival Trap）裡。假如你讀過我之前的著作，那你大概就聽過這個問題的黑洞。雖然這個觀念我已經講很長一段時間了，但我還是要回到生存陷阱上，因為，很不幸地，這是大多數創業家到頭來陷入的狀態，而我們之中，只有極少數的人脫離得了。

所謂的生存陷阱就是一種沒完沒了的循環：為了讓你的企業繼續下去，不管發生什麼事（可能是問題或機會等等），你都會作出反應。這之所以是一種陷阱的原因是，當我們對緊急而非重要的事作出反應時，會得到解決了問題的滿足感。那種挽救行為（對象可能是客戶、訂單、提案、很不順的一天）所帶來的腎上腺素快感，會讓我們覺得自己好像在事業上有所斬獲，但其實我們只是困在反應模式的循環裡。我們解決東、拯救西，如無頭蒼蠅般四處忙活。結果，我們的企業一會往右，一會又靠左。接著，我們還猛地往回開，然後又向前急駛。我們的企業成了一張經緯無序的網，幾年下來，變成一團亂的死結——這都是因為，我們只是想辦法要生存下去。

壓根不管明天如何、安然度過今天再說，完全就是生存陷阱。如同法蘭克警告我們的那樣，就是只做自己熟悉的事。我們會感覺良好，覺得自己又熬過了一天。但未來終有一天，我們會如夢初醒，意識到那麼多年過去，我們所做的完全沒有帶來任何一丁點的進展，而想辦法生存下去不過是一個長期陷阱，結果就是我們的企業和意志力載浮載沉，最終淹死。

可悲的是，你會發現，活在生存陷阱之中，最後你的日常生活會非常可怕：充滿了短暫的快感、極度的情緒低潮，而且為了小錢什麼都願意做。至於我呢？我為了再苟活多一天也好，既犧牲了企業誠信，連任何一點像樣的財務責任都不負了，而且當我跨足多個慘不忍睹的企業時，還行為不改。

我說服自己繼續埋頭苦幹，因為有時候，碰上難得的好日子時，一切都配合無間，恰到好處。錢進來了。員工們（靠自己）把事情做了。我要處理的事情處理得差不多了，不到下午三點就能離開公司。開車回家的路上，我心想，自己終於打開了那個傳說中的神奇開關，如今，萬事OK。**萬事OK**。

可是，到了隔天，又是一場混戰。

怎麼回事？就是偶然啊。某天過得順順利利，我們就以為自己沒問題了。才不是。你沒法靠運氣讓自己的企業成長。你需要有計畫根據的執行，打造系統，加以實施。每天都必須順利才行，而不是有一搭沒一搭的偶然。

坐困在生存陷阱裡，你要付出的代價不只是時間與理智。你還會阻礙公司的成長，而且更留不住自己賺的錢。

我寫《獲利優先》時，有一小節內容，是這本書的濫觴：「持續獲利力（sustained profitability）靠的是效率。碰到危機時，是無法有效率的。當我們碰到危機，就會把無論如何都要馬上賺錢這件事合理化，就算這意味著逃稅或賣掉自己的靈魂也沒關係。在危機中，生存陷阱會變成我們的一貫操作方式（modus operandi）——直到我們的生存策略造就出更具破壞力的新危機，讓我們嚇到作出重大改善，或者公司歇業、關門大吉。後者的情況比較常見。」

我先前在導論裡提過的幼兒園老闆賽蕾斯特，是不是困在生存陷阱裡呢？毫無疑問。她當時經歷的就是這個陷阱的極致版。你或許在你的陷阱裡自在得很。或許你的陷阱容易應付。也許你以自己應付得了這個陷阱自豪。不過，如果你還是困在陷阱裡出不來，應付不應付，重要嗎？

或者，也許（只是也許）你擔心的是自己不敢承認的事：你怕自己變得無關緊要。如果你在自己的企業裡不被需要的話，那意義何在？雖然坐在海灘度上幾個禮拜，聽起來不賴，但如果要你永遠這樣下去呢？

妨礙你朝自己的願景邁進、阻止你達到長期和短期目標的，就是生存陷阱。在某種程度上，我們都懂這個道理。想到那個已經七年都沒有看的五年計畫，我們會覺得過意不去。看著其他的企業順應潮流，開始實行新計畫或推出新產品，我們心想，它們怎麼有辦法找出時間預測產業的變化，還能作出因應。（它們一定有超能力，對吧？）我們曉得，就善加利用科技創新與職場文化這一塊而言，自己跟不上了。我們也知道自己得回歸願景的根源（企業草創之初，我們曾有過的想法、計畫，還有**初心**），才能讓企業更上一層樓。

我們得回頭當股東。

別當老闆，當股東

對我而言，讓情況徹底改頭換面的方法就是，不要再認為自己是公司中最努力工作、最奮發實幹的傢伙（這也是創業家的現代定義），開始宣告自己是公司的股東。簡單地說，股東就是持有公司部分股份的人，可以用自己的票，影響公司的策略方向。最重要的，就是股東的定義裡**沒有**包含的內容。股東們不賣命工作。股東們不是應付日常營運的人。股東們不是最佳員工——也不是任何一種員工、勞動者或做事的人。

你本來就已經是自己公司的股東，這再清楚不過了。搞不好還是持股50％（或以上）的大股東。話說回來，就算你嚴格說來是個股東，也不表示你的行為像股東。我們現在必須解決這個問題。

從此刻開始，你要以自己企業的股東自稱。而且，你的行為也要像股東才行。

我持有一百張福特公司（Ford）的股票。我明白這不過是所有股份裡的滄海一粟，但儘管如此，這其中還是有重要的道理。每一季，我都會從福特公司分配到獲利。最近以來我的獲利平均約為十三塊美元。（能不能說我請大家吃披薩——但沒有好披薩喔？）我不會打電話給福特公司說自己準備好要到他們的工廠拿錢。收到支票時，我也不會說我要再用這筆錢投資他們公司。這是我冒險持有股票所獲得的獎賞。我的作法是留下這筆獲利，**並且**左右他們公司的策略方向。我和其他福特公司的股東們會投票選出領導團隊。我們還會投票決定企業目標、薪資、就業公平、合併與收購、股票分割以及政策。我們（也就是股東）訂定願景。

作為股東，你的工作就是訂定願景，提供公司策略方向。你的職責還有分享公司的利潤，謝謝你投資小型企業、對經濟有所貢獻，而且還創造就業機會。

可悲的是，「創業家」一詞，已經被貶低成只和趕緊做事、使勁賣力有關。各位知道的，這就是過去我們熟知的工作狂披了新外衣。更慘的是，很多重要人士還大力吹捧這種方式，譽其為**唯**一**不**二的創業之路。你們要更努力工作。三頭六臂要變六頭十二臂。你們要放棄生活，才能建立成功的事業，這樣有一天你就可以過你的人生。

這種創業家要「趕緊做事、使勁賣力」的方法完全就是胡扯。你們別上當。

企業主的工作在於創造工作。你的角色是製造機會給想要在好公司謀份好差事的人。假如工作是你在做的話，你就不是在創造工作了；你在偷取工作。

想要打破「趕緊做事、使勁賣力」的循環（聽清楚了，你們非得打破這個循環不可），就不要稱自己是創業家。我很不喜歡這樣講，因為我很愛「創業家」一詞。至少我很愛這個詞向來本該代表的意思：創業家，是因為相信願景，所以甘願承擔財務風險、組織企業，以實現那個願景的人。只不過，嗚呼哀哉，「創業家」卻已經遭人錯當為「工作狂」。

自稱為創業家還可能不健康。這個字眼給人「做更多事、更加努力、永無休止地工作」的強烈印象（而且是錯誤印象）。所以，從今天開始，改稱自己是企業的股東吧。或稱自己為小型企業的大股東。但無論如何，你用的字眼，要最能體現出你的職責：也就是分享公司的利潤（這是你承擔風險的獎賞）與訂定方向（引導公司的成長）。你是股東。

當你自豪地以你的企業的（唯一）股東自居，你就會成為那個身分。你會發現，這能賦予你和你周遭的人怎樣的權力。身為股東，你會專心關注企業的策略對策。你會賦予你的團隊自主權，讓他們做需要完成的事。假如這種情況不可能馬上發生的話（幾乎所有尚在初創階段的企業主面臨的實況就是如此），那麼，待你出馬時，你也會用不一樣的身分介入，就像救援一天的代課老師一樣。與此同時你會打造出系統，以便讓你的團隊在沒有你的情況下也**能**把事做好。股東的職責，就是要讓企業在沒有股東的情況下也能運作。

營運假

在我打算發展出一套簡單的方法、讓自己的企業能自動運作的過程中，我認識了好幾位企業人士，他們暫別自己的事業，就是為了待回去之時，自己的企業變得更為成功——其中一人還離開公司整整兩年！隨後在書裡我會多講點他們的故事給各位聽。聽了他們激勵人心的經歷與成功故事，我才理解，放長假是測試企業效率優化的最佳辦法，而且，**放假**要說到做到，這樣的決心是最好的動機，讓你為了準備放假，而提升企業的效率。

這時我突然明白了一個道理：要優化企業效率，最佳的動機，就是非放四週假不可的決心——也就是多數商業週期（business cycle）的長度。多數企業在為期四週的一段期間裡，會支付帳單、向潛在客戶推銷、向客戶銷售、管理工資、會計核算、處理行政、維護技術性器械、提供服務、運送產品等等。還記得學校的消防演習嗎？那是刻意打斷在校作息，確保你和同班同學可安全逃離大樓。**四週的假，用意就是讓你的企業進行消防演習**。

我們要是知道自己會離開四個禮拜，期間無法處理公務，就會盡一切所能，讓我們的企業為自己不在做足準備。倘若我們沒有放假的決心，就會不慌不忙地慢慢完成提升效率的一步步工作。

我在這本書的第一版，提出了營運假的概念。包含你我在內的所有人，大家都同在一條船上，當我們必須採取措施，讓我們的企業成長、**同時**奪回屬於自己的人生時，可以相互扶持。我要你們大家下定決心，在接下來的十八個月裡，一定要放四週的假。我說下定決心，就是要你預訂那個假期。而且要確保自己絕對不會食言，一定要說到做到。告訴你的孩子、告訴你的母親、寫進你的日記裡。要不，用最大膽的方式昭告也行：把放假這件事貼在社群媒體上，這麼一來，要是你沒做到，全世界都不會放過你。你甚至可以寫信告訴我你的計劃（我等一下就會跟大家說怎麼跟我聯絡，還有你為什麼要跟我聯絡）。搞不好我們最後會在同一時間、同一地點度假呢。我們可以趁著你人不在、企業成長茁壯之際，一口乾了瑪格莉特調酒。

容我澄清一件事：我可不是說你**只**能放四週的假。有的人可能會覺得四個禮拜太短了。搞不好你打算要生個孩子，那麼，或許你會想放三到六個月、甚至更長的假，而你可能完全不知道自己要怎麼成功生個孩子，同時也讓事業繼續下去。這就是為何我們放四個禮拜的假前要先**規劃**，這麼一來，才能讓你的企業自行運作。一旦你的企業自行運作了，你想要或需要放多長多短的假都可以。想像一下：你可能就不必為了讓自己的企業繼續運作、持續成長，而得推遲重大的人生決定啦！

每每我叫大家要安排時間休四週的假，得到的回應不是笑就是哭。有時候我還會碰上大家都很尷尬的情況：邊哭邊笑。話說回來，無論是哪種回應，我幾乎都一定會聽到類似這樣的話：「你在跟我開玩笑吧？」還有些人會說他們不需要休假，也不想要休假。（反正就是為了熬過一天而告訴自己的那些話。）

問題是，雖然放四週的假，感覺是為了讓你暫別事業、休個假，但其實不然。重點是讓你的事業能**暫別你**。不擋道的最佳辦法，就是直接離開。再者，實話實說吧——比起只是為了自己的健康和理智等等理由而休假，要是你知道暫別對你的企業有利，你比較有可能休假。

吉諾·奧列瑪（Geno Auriemma）是有史以來最偉大的籃球教練之一。擔任康乃狄克大學哈士奇女子籃球隊（the Huskies）教練時，他帶領球隊創紀錄地拿下十一座美國全國大學體育協會一級聯賽（NCAA Division 1）冠軍。擔任美國女子國家籃球代表隊總教練時，團隊又拿下兩座世界錦標賽冠軍，並以出賽四場全勝的成績，贏得二〇一二與二〇一六年夏季奧運女籃金牌。這傢伙不僅懂籃球，還知道怎麼打造出一個贏球的組織。

奧列瑪替線上教育平台MasterClass拍攝了一系列培養贏球球隊的課程。我記得他講到暫別球隊指導工作去休假時，是這麼說的：「我可以離開一個月再回來，而且，事實上，屆時球隊的運作會比我離開時還要好，因為我不會現身跟他們說：『嘿，我要改變這個，更動那個。』你必須給你的重要幕僚自主權，讓他們做決策，這樣他們才會感受到自己也擁有權利。」健康的組織絕對不會單靠一個人的努力，還有那個人在或不在。事實上正好相反。一旦組織在任何特定個體缺席的情況下順利進展，那麼，成功就會接連不斷地出現——而那個特定個體，也包含老闆在內。

放四週的假是信任團隊的表現。你人不在，不是為他們帶來負擔，而是交付他們責任。你不是拋棄你的公司，而是在幫助它更有韌性。休四週的假，表示你信任你的團隊，要是**真的**發生什麼「不好」的事，他們也能應付，這麼做還能讓他們培養出韌性。把它想成是企業的阻力訓練。我們透過阻力訓練培養肌肉並強化骨骼系統，這對你的公司也奏效。

我第一次決心要放一個月連假時，在行前十八個月就開始規劃。我把如何確保我的企業會像自動發條系統一樣運作的所有知識，都應用上了，我還進行了好幾輪為期一週的測試，暫別日常工作，證實我的公司已經準備就緒。在那整整十八個月的時間裡，我對自己的企業有了全新的思考。

自動發條系統三階段

在提高組織效率、以實現我規劃的四週假期的過程裡，我經歷了許多「恍然大悟」的時刻，嘗試了許多錯誤，還做了許多自我陶醉到我都不好意思承認的事。有些策略立竿見影，有些則需要加以調整。這就是為何我很感激能和愛瑞安．朵莉森（Adrienne Dorison）合夥的原因。我們共同創立了Run Like Clockwork，目的是協助那些想幫自己公司建立自動發條系統的企業主。本書第一版問世後，愛瑞安與我還是繼續優化這個系統。各位如果讀過前一本書，那麼你會發現，這一本增修了一些相當重要的內容。

在接下來的幾章裡，我們會談到你需要做出什麼改變，才能讓自己的企業自行運作。有的階段花的時間比較長，而且，有時候你可能還會發覺自己得回頭改善策略的執行。這個系統不是一套應急的方案。企業轉而自行運作的這套過程，是講條理、有次序的，有時候還非靠外科手術般的精準度不可。雖然這可能得花些時間，但如果各位能堅決致力於這套過程，終將達成目標。為了幫助你消化這本書的內容，我已經確立出將企業自動發條化的三個階段。需要注意的是，當你完成一個階段後，將來可能還得再回頭做一次。你的企業不斷地在進化，而組織效率並非固定的狀態。

讓你的企業自行運作的三個階段，概述如下：

1. 校準（Align）

校準是培養組織效率的根本階段。這個階段的努力絕不會白費。

要讓企業朝著你希望的目標前進，那麼，所有的人和一切大小事，都必須朝著相同的方向移動。假如有任何一個零件沒有對準，就會阻礙進展。而且，如果毫無校準（也就是處於方向隨意的無政府狀態！），你的企業就會無限期地動彈不得。在自動發條系統的校準階段裡，你要確保公司的作為、背後的原因以及所為對象，三者彼此間協調一致。

首先，要釐清你們服務的群體。其次，要訂定你們想為那個族群「說到做到」什麼。清楚確立這些之後，你要決定公司的「女王蜂角色」（QBR，即Queen Bee Role），也就是自動發條系統的核心。

2. 整合（Integrate）

在整合階段，你和你的團隊會開始看見重大的成果。此時你的公司會開始像自動發條一樣運作。

一旦校準了你的企業，所有的零件同步，你的企業一定會向前進展。整合階段的目標，就是要重組公司的方方面面，一切重新聚焦，如此一來，你的團隊就能用最少的步驟、花最少的力氣完成工作，達到預期成果。

首先，要找出你和你的團隊保護並聽命於「女王蜂角色」（即組織核心）的方式。其次，用新的方式了解你及團隊的時間動態——把時間拆成4個D：生產執行（Doing）、判斷決策

（Deciding）、委派授權（Delegating）以及規劃設計（Designing）。此時，你（和你的團隊）會開始做你（和他們）愛做的工作，也就是能為你（和他們）帶來快樂與滿足的工作。了解4D之後，隨著判定哪些差事能捨棄（Trash）、移轉（Transfer）、削減（Trim）或珍藏（Treasure），你將學會如何卸下部分內容、重新聚焦待辦事項。為了讓這個過程更容易，我會一步一步教你怎麼簡單又有效率地擷取系統，確保團隊裡任何一個人，幾乎什麼任務都能做。

3. 加速（Accelerate）

> 在加速階段，你會把組織效率提升到新的層面。你的團隊會變得更有自主力也更具韌性，你會完全從「生產執行」（doing）中解脫，而你的公司的影響力與獲利力都會提升。

在加速階段，你會建置好提升整合的最佳人選和資源。你將永久地讓你的組織避開單一個人決定公司產出「成敗」的情況。你的企業會開始靠自己運作。

首先，你會平衡團隊，確保每個人接手的都是最適合他們的任務與職責。其次，你將學會簡單的程序，辨識阻礙組織效率、拖慢團隊的障礙，同時加以排除。最後，你會放四個禮拜的假。或者你也可以刻意安排為期較短的干擾，快速檢驗一下自動發條系統。自動發條系統的重點在於持續不斷地改善效率與有效性。想解決不適用的方法，就要重新審視你在校準和整合階段的作為，並加以調整優化。

我們之中有太多人，在慶祝當老闆二十周年之時，領悟到自己是從長達二十年持續不斷的瀕死經驗中死裡逃生。不過，大可不必如此。你並不孤單。有幾百萬人跟你一模一樣。我們大家全都有能力轉型，我也不例外。事實上，即便在撰寫本書的同時，我都還在一步又一步不斷提升自己的自動發條系統的實施工作。我們太容易重新落入舊習，相信有一種神奇的生產力破解花招，能轉危為安。不管你過去選擇了什麼樣的方式才熬到今天，都沒關係。那些方法畢竟讓你走到這一步了。如今，我們會讓你走到你想要的目的地。

在執行的過程裡，你會感到挫敗，也可能覺得毫無進展而想要放棄。不要慌，那不過是因為，你止慢慢適應我現在教你的、讓你不習慣的新東西。還有，你可千

圖表1：自動發條系統

階段	步驟
I：校準	1. 確立服務對象 2. 宣告「一定說到做到的承諾」 3. 確定「女王蜂角色」
II：整合	1. 保護和服務「女王蜂角色」 2. 優化時間利用 3. 擷取系統
III：加速	1. 平衡團隊 2. 發現並修復瓶頸 3. 休四週的假

萬別停下來。聽見了嗎？絕對不要停下腳步。最後，你終將贏得一個自動運作的企業。而**那**才是你本該做的。

時間最重要。最、重、要。時間是宇宙中唯一無法再生的東西（除非有人發明時光機）。你不是善加利用，就是等閒視之。無論你的時間用來做什麼，時光都會滴答滴答地流逝。我猜，你現在甚至已經緊張地看過幾次時鐘，眼看時間飛逝，希望自己可以硬把這本書快點看完（還有快點把工作做完）。被我說中了吧？就算只被說中那麼一點點？假如這是你目前身處的情況，我希望你明白，這不是你的錯——這是帕金森定律。

我還希望你明白，你的情況其實還大有可為。說清楚些，就是你還有得救。你的企業還有需求，而你仍然在滿足那樣的需求（儘管沒什麼效率）。我們要做的，就是簡單的微調，讓你的企業運作起來能像台好好上了油的機器，同時在這個過程中，把那些似乎已經憑空消失的寶貴時間還給你。

我希望說清楚，這本書的內容，**不是**教你用手頭上的時間做更多事。這本書談的，是你的企業用**它自己**擁有的時間，變得更加茁壯、成效更佳，讓你獲得用自己的時間做想做的事的自由。這本書所講的，是讓你在壯大自己夢想中的企業之際，也重拾自己的人生。這是可能的。事實上，這是**真的**——始終有其他企業能做到。我們此刻的任務，就是幫你的企業實現這件事。不過，要想成功，你就必須和我一起做。股東，你準備好了嗎？很好。讓我們開始做事吧。

當我沒說剛那句話。讓我們開始做**少一點事**吧。

自動發條系統實務

你的首要目標，就是規劃出公司的工作流程，這樣一來，其他的人事就可以完成工作。你要堅持把公司的產出擺在第一位，將自己的生產力放在第二位。怎樣才能辦到呢？很簡單：問對問題，就會找出對的答案。不要再問「我要**怎麼做**才能完成更多事？」，要問「**什麼**是最重要得完成的事？」還有「**誰**來完成？」

每一章的結尾，我都會分享讓你可以快速完成（通常三十分鐘之內就可以完成），但又感覺自己有長足進步的行動步驟。第一章我只給大家一個行動步驟，不過，這或許是最重要的行動步驟。它將迫使你立即調整自己在推動企業發展中扮演的角色。至於行動步驟是什麼呢？我希望你堅持說到做到。

寄一封主旨為「我是股東！」的郵件到Mike@MikeMichalowicz.com。這樣的話，我就可以輕易地從收到的其他郵件中看到你的來信。然後，郵件內文請參考以下的內容：

「從今天開始，我要規劃我的企業，讓它自行運作，我說到做到。」願意的話，你也可以分享，從現在開始作為股東這件事，對你而言有何意義。告訴我身為一名股東，你會對自己的企業有何作為。或者，告訴我家人和親友聽到你說你是股東的時候，有什麼奇怪的表情。話說回來，無論如何，你要答應我，從今往後，你只用你的新頭銜「股東」作為稱號，因為這樣一來，你就會擺出股東的樣子了。

為什麼要寄信給我呢？因為，如果你跟我一樣，一旦答應別人什麼事，後續執行力就會狂飆。我會回信——這是當然的啊，我雖然會用一套有效率的流程做這些事，但字字句句都會是我回的。期待各位的來信。各位說到就要做到的新夥伴們，這就是完美的第一步了，讓我們朝著擁有會自行運作的企業前進。

第一階段

校準

假設你發明了一種新運動。這個運動結合了水球、美式足球和德州撲克。你稱它為德州水球（Texas Waterball）。這個運動會一炮而紅，大家都喜歡這個點子。你為此招募了球員，而今天是第一場大比賽。所有的主要影音聯播網都在現場轉播。全世界的人都等不及要看這場比賽。只有一個問題——唯一的**大**問題：球員們通通不知道規則，甚至連目標是什麼都不曉得。你要怎麼贏球呢？球員可以做什麼、不能做什麼？球隊該怎麼合作？還是說，球員各顧各的就好？祝你成功把獎盃帶回家啊。

假如另一支隊伍的球員雖然技術很差，但他們知道比賽的基本規則，那麼他們會徹底狠狠地教訓你們一頓。（事實上，只有每週四晚上才有比賽——這是德州水球的重要規則之一。）[1]

1　編注：前句原文為「kiss your ass six ways to Sunday」，故作者在此處提及「每週四」來呼應前文中的 Sunday。

另一支球隊也許球員的球具和技巧都比較差，但如果他們對交戰規則的理解一致，光這一點，就能克服許多弱點。

小型公司最常見的營運問題，就是沒有校準，而企業的方方面面，無一不受此影響。不管客戶是哪一種、需求為何，沒有校準的情況會讓場面失控，而你到頭來會處在持續不斷的反應模式裡。要是公司沒有校準對客戶的服務承諾，那麼，大家只會知道「要盡力而為」，其他的就一問三不知。員工們不明白事物之間的關聯。他們不明白自己要怎麼為大局盡心盡力。他們可能會聽到某些不太可能成真的「企業目標」，卻對**他們自己的**目標不太清楚。然後公司就贏不了了。

校準就是人人都知道目標、清楚自己與目標的關係，而且為贏得目標而努力。身為企業領導人，你就是在明訂比賽的規範。是時候校準大家、讓大家有共識，用正確的方式打場德州水球了。當然，別忘了週四晚上要出賽。

第 2 章

搞清楚你服務的對象

辨認最棒的顧客，並了解他們都出現在哪裡，
是檢視事業現狀的第一步。

每次我問企業主他們服務的對象是誰，很多人都會回答「每個人都是我們服務的對象」這類的話。要讓企業像自動發條般運作，你販賣什麼，就一定得始終如一地提供。你需要可預測的流程，帶來可預測的產出，為了達到這個目的，你就必須減少變化性。當你能做越少的事來達到最明確的目標，你的可預期性就會大大提高。

各位是否曾注意過，速食餐廳菜單上的品項選擇有限？還有，這些選擇都是綜合同樣食材的結果？例如「Big Boy」堡、「Really Big Boy」堡，還有「Insane-Oh Big Boy」堡，這三種堡除了漢堡肉疊一層、兩層或是三層的差別外，其實都一樣。[1]

要是你決定要關照多種不同類的客戶怎麼辦？還能不能用同樣的方式跟所有的客戶建立關係呢？面對你提供的選項，他們反應的方式會不會相同？他們對你的期待會不會一模一樣呢？他們會不會需要同一種教育或支援？答案通通是肯定「不會」。

假如你提供三種產品給五類客戶，而且你得因應每一類客戶的各自需求來調整產品，你就是提供了十五種產品。換個更好的講法，你提供十五種產品變體（product variations）；如果要讓每一個變體都出眾的話，你就得把十五種產品都做好。那就是十五個潛在問題區。再來，要是每一個產品變體都有十個零件呢？這下子我們就有十五個產品，乘以十個零件，總共是一百五十個潛在問題。多做一點工作是讓公司成長的最佳辦法？別讓我再繼續說教了。

我的第一家公司 Olmec 開始成長之際，我們的穩定性就跟著變差了。我們是提供企業技術支援的公司。隨著我們有越來越多形色各異的客戶，我們就需要更多各式軟體提供支援。我們提供不了滿足他們所需的必要工具與基礎架構。因此，我和合夥人再次付不出自己的薪水。我們所做的一切，都是為了應付形色各異的客戶所需。結果就是我們犯錯，而有的客戶因此不滿意。你們懂的，這種「不滿」就是對方不再跟你的公司合作、不支付欠你們的款項，最後還到處給你的公司留一顆星的負評。

要觀察一家公司的穩定性，有個蠻準的外部指標：他們是先應式（proactive）（這是好的），還是應變式（reactive）（這是壞的）？想要成為一家先應式的公司，就從縮小客戶種類的範圍下手。例如：提供三種產品給一類客戶，而且每個客戶的需求都差不多。這樣，你就只需要把三件事做好。做好三件事遠比做好十五件事簡單，真的出現問題時，要解決也簡單多了。

賣少一點東西給少一點人的結果，就是變體會比較少，也就是說，你會變得非常、非常擅長自己的工作。同時，當變體減少，要獲得好的結果所需的資源也會比較少。簡而言之，就是事半功倍。（沒錯，重點就在這兒。）

想啟動自動發條流程，你要瞄準的對象，就是客戶群裡屬於你最佳客戶的那一群人。我把這些客戶稱為「頂尖客戶」（Top Clients）。你也可以叫他們「夢幻客戶」或「最好的朋友」，或

1 譯注：Big Boy Restaurant是總部設於密西根州（Michigan）的速食連鎖店。

者，你知道的，「就跟麥克一樣」這個稱號也行。自動發條系統的重點，不只是打造公司的引擎（也就是搞定內部），同時也是持續幫你的引擎加對的油——也就是你的頂尖客戶。

喜歡／討厭分析

在《南瓜計畫》（*The Pumpkin Plan*）那本書裡，我概述了找出最佳客戶並加以複製的流程。我在Olmec開發出這套流程，讓我們能擺脫應變式模式、提高穩定性。重點在於，一旦得知了自己的頂尖客戶，你的下一步，就是吸引其他具備相同特質的客戶／顧客，複製更多頂尖客戶。

這個流程從喜歡／討厭分析（Crush/Cringe Analysis）開始。

1. 首先，評估現有的客戶清單。用收入多寡排名。這很重要，因為花最多錢在你的產品或服務上的人（尤其是有回購的），就是在透過行動展現他們最重視你。不要相信他們說了什麼；相信他們的荷包。換句話說，人人都能說他們多愛你，說到磨破嘴皮為止，可是真正表明他們感受的，是花錢或**不**花錢在你身上的行為。
2. 接下來，針對清單上的每個客戶，評估你的喜歡／討厭因素。換個方式說，你愛他們（喜歡）、厭惡他們（討厭），還是介於愛與厭惡之間（你懂的，就是說不上愛，但也不到討厭）？你會自動提供自己最喜歡的顧客絕佳的服務，因為這對你來說理所當然。相反地，幫你厭惡的顧客做事時，你會發現自己能躲就躲、東拖西拉。至於介於中間的那些人，你提供的服務或看重他們的程度就沒個準。

3. 記錄下每一個客戶所屬的社群（產業、職業、消費族群，或是轉換點〔transition point〕）。
4. 最後，判定客戶們的集結點（congregation points）。也就是團體組織會舉辦聚會的所有地方。（下一節將有更詳細的說明）

有時候，從喜歡／討厭分析可以看出，討厭的因素多與顧客想要的產品或服務有關，與客戶本身比較沒有關聯。總部位於倫敦的戶外照明製造商哈德森照明（Hudson Lighting Ltd.）就碰過這樣的事。他們的顧客群多為承包商。公司創辦人克里斯・哈德森（Chris Hudson）

圖表2：喜歡／討厭分析的操作表格

收入	客戶	喜歡／討厭	社群	集結點

讀了《發條法則》後，正要開始分類客戶時，電話響了。

「我心裡頓時有種感覺，我不想接電話」，克里斯在接受訪談時這麼告訴我。「因為我把所有的聯絡人資料都存起來了，所以我看得到來電的人是誰。剎那間我懂了：天啊，這是討人厭的客戶。」

他沒有接那通電話。

克里斯列完了討厭的客戶清單，心想：「這些顧客哪一點讓我萌生厭惡感呢？我不喜歡他們的哪些要求？」

他進一步深究後才明白，自己最想避開的顧客，是智慧型居家的承包商。

「他們蓋的是那種華麗漂亮、動輒幾百萬英鎊的豪宅」，克里斯解釋道。「這些房子有那種一回家燈就自動開啟的系統。一開始，我們以為我們的照明用在那種房子很合適，覺得他們是最理想的高級顧客。問題是，他們什麼都希望客製化。」

那些討人厭的顧客，希望哈德森照明提供現有產品的變體。「他們老是會多要求一點這啊那的，我們卻要花很多時間設計。他們會說：『克里斯，別做這種了，你能不能做那種？』有時候他們的要求甚至跟照明無關。」

克里斯對所有的要求都「有求必應」，於是，他便開始接下了這些討人厭客戶的難題。他以為說「好」能得到對方的讚嘆。何況，這些是「輕而易舉的追加銷售」，而克里斯又迫切需要額外的收入。自從他開始跟討厭的顧客說「不」之後，那些顧客就去找其他賣家滿足那些要求了。那些讓他的員工們非常受不了，而且讓他不想接電話的客製化工作，就此消失。話說回來，那些輕而易舉的追加銷售還有額外收入怎麼辦？結果證實，那些都是可輕易答應卻**真的**很難履行的事。沒錯，有額外的收入，但這得用不成比例的額外努力來換。結果呢？幫討人厭的顧客做「輕而易舉的額外」工作，他卻虧錢。而且還幾乎保不住他的員工。

「辭退討厭的客戶，真的是太棒了」，克里斯說道。「如今我們不再做這類蠢工作，那一忙就要忙幾小時，其他什麼事也做不了。大家都鬆了一口氣。同時，為了剔除討厭的顧客，我們也減少了某些系列產品，因此，我們還超越了每週生產75盞燈的目標；現在，我們每週生產一百一十盞燈。產品變體較少，意味著產出增加。我的團隊都很開心。他們做著自己愛做的工作，不用分心做其他莫名其妙的事。」

喜歡／討厭分析有助於釐清你希望複製的對象，以及想分道揚鑣的對象。不過我有個免責聲明：在你現有的顧客中，不保證一定有最適合你服務的社群。我指導過小型企業股東執行這套流程，有些人連一**個**他們想要複製的客戶都沒有。碰到這種罕見的情況時，他們就把現存顧客讓他們喜歡的部分「拼湊起來」，打造一個可以複製的客戶化身。話雖如此，大部分公司**的確**有自己想複製的客戶；假如你也有一個的話，這就代表你有一條通往自動發條化公司的有效捷徑。

集結點：將需求轉換為顧客

有了頂尖客戶清單，你就可以找出自己想全力關注的市場。在鎖定市場前，你必須根據市場的集結點，判斷它的存活率。這是喜歡／討厭分析的第四步，也是最後一步。

集結點是興趣相投的社群定期連結、相互交流或分享知識的地方。倘若你的市場在許多集結點都很活躍，就足以證實這些集結點透過既定的管道彼此分享。這些是你可以打進的管道。你可以藉此行銷的管道。也是你做得好就可以輕易獲得口碑的管道。如果你無法找出任何集結點，或你找出的集結點猶如鳳毛麟角，不明確又不集中，那麼你就要長期艱苦奮戰了。如果連社群自己都找不出集結點，要發現就非常困難。

舉例來說，我有一個客戶蓋瑞（Gary），負責為食品業開發軟體。他告訴我，他最棒的客戶是一位單親媽媽；對方經營的烘焙事業營收剛破一百萬美元，工作量讓她無法招架，還得自己養育一個孩子。由於她受不了自己的媽媽，所以她沒有外援。

蓋瑞（我都叫他「大G」）跟我說：「給我十幾個像這樣的客戶吧。我的獲利會一飛衝天，而我只需要幫他們做一件事就好。我找到我的利基市場了！」

我說：「大G，我有個問題要問你。你剛剛跟我說的是，你要想辦法爭取更多『討厭自己媽媽的單親媽媽創業家』。是嗎？」

「一點也沒錯。就是那樣。」

我接著要蓋瑞告訴我她們的集結點在哪裡。「這些人固定在哪裡聚集，彼此相互學習分享呢，大G？SMHTOMBC的成員在哪裡碰面？你懂的，就是『痛恨自己母親的單親媽媽企業俱樂部』（Single Moms Hating Their Own Moms Business Club）。」

答案是「沒有這種地方」。

沒有這種聚會。沒有這類會議。沒有Podcast。沒有網站。一個集結點都沒有。沒錯，兩個痛恨自己母親的單親媽媽，可能會在公司的節日派對上結識，變成閨密。但是，「偶然」並不是集結點。集結點是讓人相互學習、彼此分享的固定空間，而這個團體，沒有集結點的存在。這意味著蓋瑞無路可走了——沒有他可以打進的團體。他可以問問這位頂尖客戶，都在哪裡跟其他情況雷同且志同道合的人聚會，搞不好有什麼地下團體也說不定。他也應該這麼做才是。但那種團體實際存在的可能性微乎其微，因為蓋瑞的心理剖繪（psychographics）太狹隘了，以至於找不出一個既定的社群。

有了這個新的認知，蓋瑞重新思考找出社群這件事。他問問自己，這個他最喜歡的顧客有什麼鮮明的特點，足以成為人們建立社群的依據。對方擁有一家成功的烘焙坊。那是其中一個特點。對方被工作量壓得喘不過氣。那是第二個特點。對方是位單親媽媽創業家。那也是一個特點。還有，對方痛恨自己的母親。那又是另一個特點。

找出四個特點後。蓋瑞自問，哪些特點最符合他的興趣。大G真的很喜歡烘焙生意這一塊，因為他喜歡製造業，而烘焙基本上就是製造。他也認為，因為自己也是單親媽媽創業家養大的，本身又是單親爸爸，所以比起大部分的供應商，他更能同理、也更為支持單親媽媽創業家。至於其他的特點，他不是不感興趣，就是出不了什麼力。

找出了兩個特點之後，他試試看這到底行不行得通。有沒有集結點呢？多虧了網際網路，要找答案很容易。蓋瑞搜尋了「烘焙協會」。這不是很簡單嗎？果然，他找到了美國烘焙者協會（American Bakers Association）、美國烘焙學會（American Society of Baking）、獨立烘焙者協會（Independent Bakers Association）等等。他還找到線上論壇。還有臉書社團。這是個會集結的既成社群。這是機會啊！

他搜尋「單親媽媽創業家協會」，什麼結果也沒有。換成搜尋「單親媽媽創業家團體」，倒找到了一個有十二位會員的聚會團體。儘管這無疑是個重要的創業家團體，但是對大G而言，這不是個容易的機會。由於集結點沒有建立，要打進社群會非常困難。

蓋瑞決定選擇烘焙坊這個特點。他找自己的最佳客戶聊；對方已經是其中一個協會的成員，也給了一些建議，教他怎麼參與。有了這些準備，蓋瑞開始去他最佳的潛在顧客集結的地方。而他的企業，就像一個成功的發酵麵包，開始越發越膨，逐漸成長。

有些人把利基市場定得太廣了。他們想跟有錢人或小型企業合作。這些是廣大的社群，就算他們可能有集結點，也會因為需求雜亂不一，導致彼此分享的知識很籠統。換句話說，在這些廣大社群的集結點裡，合適的潛在顧客極少，多為非潛在顧客。

你需要找出一個能滿足客戶特定需求，並且會在一個（或以上）的集結點一再建立彼此關係的同型社群。在那裡，你會反覆看見同樣的潛在客戶、供應商與網紅。那不一定非得是實體聚會。也可以是社群媒體上的團體。可以是訂閱某一個Podcast或某本雜誌的族群。他們最好可以透過數種不同的方式，彼此連結，相互學習。一旦你發現了會重複進行集結與學習的特定社群，那就表示，只要你能找得上他們，就能透過滿足他們的需求，建立你身為主要供應商的口碑。

除了找出這些集結點之外，確知你的理想客戶，能讓你用最理想的方式，行銷你的產品。你可以（也應該）為你找出的顧客，精心打造專門滿足他們所需的行銷。而且，少了行銷變異（marketing variability），你就提高

圖表3：喜歡／討厭分析的範例

收入	客戶	喜歡／討厭	社群	集結點
25,000	Example有限公司	喜歡	地板磁磚	國家磁磚協會
17,500	ABC公司	討厭	葡萄酒廠主人	葡萄酒相關Podcast
15,000	XYZ公司	喜歡	長途貨運	貨運協會的貨主會議
9,000	Alpha公司	喜歡	地板磁磚	國家磁磚協會
8,000	Omega公司	討厭	辦公室清潔	美國清潔協會
8,000	Another公司	喜歡	最終配送端	貨運協會的卡車司機聚會

了行銷的效率。不用謝我。

有一點很關鍵，我必須說一下。你對那個社群的興趣，再加上他們有集結點的事實，才是最重要的事。這比你有多喜歡自己現有的顧客還重要。有一個可以複製的好顧客，對你會有極大的幫助；話說回來，就算在那個社群裡，你連一個客戶都沒有，你還是可以找上他們。此外，你喜歡或討厭的客戶，**不見得**代表他所屬的社群。絕對不能以偏概全。

同樣的道理，用在你喜歡的客戶身上也成立。你要明白，他們代表的是一條能讓你打進產業的捷徑，你搞不好還能因此找到其他的好客戶（好人會物以類聚）。同時，你也要知道，你討厭的顧客所屬的社群可能很棒，而這個爛客戶，剛好就不是那個社群的典型，也不會是打進那個社群的最佳途徑。

出版了第一本書之後，我發現，最適合那本書的讀者，也就是我真正的**對象**是：孩子年紀夠大了，所以有足夠的自由，能利用部分時間經營自己的事業、加入或重新加入勞動力的媽媽創業家們。有些朋友認為，我的「利基市場」是所有的小型企業主，但我知道，創業以來，我的重心一直都是媽媽創業家們。我的書有沒有其他的讀者呢？這是肯定的。那些人讀我的書，我也喜歡他們。（在此要跟在創業路上勤勞踏實的好漢們打聲招呼。我都看到了，各位弟兄們。）只不過，如果我一開始就專注在所有小型企業主這個比較廣大的社群上，沒有人會注意到我。我實踐了UGG雪靴創辦人布萊恩．史密斯（Brian Smith）教我的道理：想要大獲成功，就必須從小社群著眼，壯大那個社群，讓他們帶著你進攻更大的市場。在定義上，利基市場是一個不斷有需求的小小團體。你要小心自己把人社群當成目標，還跟自己說那是利基市場，因為它根本不是。

我選擇的社群，不但會左右我寫書的風格，也會影響我行銷、販賣書籍的方式。當我找出媽媽創業家們的集結點與現蹤處——其他事業成長驚人的媽媽創業家所主辦的會議與靜修營，那個社群不只帶著我找到其他的媽媽創業家，還帶我打進小型企業主廣大社群裡的其他利基市場團體。而且，這個策略最棒的一點是，我花最少的努力，就擴展了我的閱聽群眾，同時讓自己的事業成長。諸位明白這其中的道理了嗎？

寫給員工：柯拉的故事

我會在本書各章末尾，專為身為員工的你寫一小節的內容。這些內容包含了像「柯拉」這類的虛構故事，目的在協助你理解自己在每一個自動發條流程階段中的定位。現在我要講柯拉的故事。

柯拉・夢露（Cora Monroe）過去在美國陸軍服役十年，做到中士。服役期間，她擔任班長，領導十個士兵。她剛剛錄取了第一份平民百姓的工作；上一回做這樣的工作，已經是高中時在披薩店打工的事了。她的新東家賈伯特福公司（Job Turf Inc.）專門打造對生態環境友善的永續戶外生活空間。

在賈伯特福面試時，柯拉顯然具備該公司要找的某些無形特質。他們過去就僱用過退伍軍人，所以很清楚這些人受過團隊合作的訓練。這些退伍軍人具備自信、能在壓力下做事，而且還有辦法適應不斷改變的情況。

柯拉曾是軍人這件事，給了她面試上的優勢。但是，這並不保證她一定能錄取。而如今她獲得了這份工作，也不保證她能表現出色。她有很多要學習的——尤其是跟自動發條架構有關的知識。

到現場上工的第一天，柯拉收到了五套乾淨的制服，便於輪換，還有四件對她的工作而言果然至關重要的物品：一頂工地用安全帽、一雙手套、一個附有紙夾的筆記板，還有一張客戶計分卡。

當她跟經理戈登．桑姆那（Gordon Sumner）問到計分卡時，桑姆那解釋道：「每一位員工要逐一記錄客戶每天的表現，然後在專案結束時交給專案經理——大部分都是我。工地現場才是重點所在，你要主動積極地估量我們的工作品質以及客戶的品質。」

記錄客戶的表現？誰會做那種事啊？這家公司就會這麼做。

柯拉到現場的第一天就發現，儘管客戶們都沒什麼問題，但某位客戶從辦公室裡走出來、帶著她參觀了工地。有顧客注意到她是新進人員**而且**還確保她感覺自己是受到歡迎的？這可值得在「喜歡」一欄記上一筆。

透過逐一記錄客戶對問題的回應態度、問題出現時參與解決的情況、對公司員工的態度，以及他們大體而言的積極度和正向性，賈伯特福公司得以找出自己的頂尖客戶。

你可能是以銷售或支援的角色跟顧客打交道，或者可能只是老闆不在，聽到公司其他同事在聊顧客的事。無論你的角色是什麼，你都可能對客戶略知一二，並幫公司找出較好的顧客。有了較好的顧客，大家的工作（包含你的工作）就會比較沒壓力，也會比較有趣。

你能幫上什麼忙呢？開始記錄你的觀察吧。記下大家喜歡的客戶，還有喜歡他們的理由。影響喜歡的因素是什麼？哪些客戶能讓你更輕鬆地有效作業？誰感覺上會心懷感激，表達謝意？相反地，你討厭的客戶是誰，你有如此感受的理由為何？這些人怎麼影響你和／或你的其他同事？你為什麼要避開他們？可以採取什麼行動，強化和那些客戶的連結？

身為團隊的一員，你對大局很理解，你對某些客戶可能比其他任何一個人都還熟。既然如此，就列出自己的清單吧。你喜歡哪些顧客，不喜歡哪些顧客，原因為何？你喜歡的那些顧客有什麼讓你喜歡的特點，你討厭的那些客戶又有什麼讓你討厭的理由？註記你喜歡的客戶的特質、行為，還有他們的集結點。這有助於你的公司爭取到更多那樣的客戶。這些客戶跟類似的公司怎麼相互交流？他們訂閱什麼樣的產業專業雜誌？他們聽什麼Podcast？他們為何具備良好的溝通能力？他們會怎麼幫你和你的公司有效處理錯誤（因為錯誤真的會發生）？他們還有什麼重要的特質？完整寫下你對自己喜歡的顧客的觀察，同時寫出你有何策略，可以改善你討厭的顧客的行為？跟你公司的老闆分享這些，幫忙帶進更多好客戶，同時改善與現存客戶的關係。

自動發條系統實務

1. 執行喜歡／討厭分析，確立你的頂尖客戶。
2. 採訪你的頂尖客戶，找出他們最看重你公司的什麼。你的口碑聲譽就靠這個了，所以務必為他們看重的點打造出絕對可靠的系統。
3. 找出他們的集結點。詢問你的客戶，他們都在哪裡跟同業分享與學習。找出他們出席的研究集會和大型會議、他們聽的Podcast、追蹤的社群媒體與網紅，還有他們訂閱的雜誌與會刊。這些全是你潛在頂尖客戶們共同感興趣的東西。

第 3 章

宣告你一定說到做到的承諾

這一句話，象徵你的顧客最看重的價值，
也意味著你的事業將以此聞名。

「我們沒有投入肯定會大獲成功的地方。我們投入了自己好像受到召喚的地方。」

五家 Anytime Fitness 連鎖健身房的老闆莉薩．邱克（Lisé Kuecker），在電話上與我分享她的故事時特別提到，她擁有的每家連鎖健身房，絕對都不位於她自己居住的州。把當時她丈夫是現役軍人這一點考量進去的話，這還真是不容易辦到的事；因為，他們已經搬過好幾個州了。

莉薩在紐奧良（New Orleans）長大，高鹽高糖高卡路里的食物是當地文化重要的一部分，她見識了肥胖率的急速攀升。在這個影響下，她對健身產生興趣，很快地，幫助大家減重與改善健康，成了她深深酷愛的事。在丈夫派駐期間開始開健身房的她，並沒有指望開在最大的城市或高收入住宅區。甚至也沒考慮自己所在的區域，或開車就到得了的社區。她在最需要她的城鎮開業——都是些小地方，按理看來，不像有促進會員增長的潛力。

「我們買下明尼蘇達州（Minnesota）一個快倒的連鎖健身房時，銀行業者和其他人以為我們瘋了」，莉薩這麼告訴我。「我們花了五萬美元買下來，基本上就只是付錢買設備。當時那個健身房開業一年半了，營運狀況很差，從頭到尾都沒有起色。他們能有三百五十個會員簡直是奇蹟，這多少是因為老闆是當地人，而且很受敬愛。」

雖然當時大家都認為她不會成功，或者覺得她連試都不該試，但莉薩卻被明尼蘇達小鎮這個快倒掉的連鎖店深深吸引。當地的肥胖率相當高，她知道這大有可為。她還曉得，那些有病態肥胖問題、想盡辦法要減重的人，就是她想服務的對象。第一，她關心那些人，也希望那些人能成功減重。第二，她知道，比起沒有類似困難需要克服的一般會員，如果她可以幫助病態肥胖的會員，就比較有可能讓他們繼續留下來。

「我耶，我這個出身美國深南部（the Deep South）的人，在嚴寒的二月，開著四輪驅動的出租車，抵達了那家健身房」，莉薩邊笑邊說。「接著整修計畫就立刻啟動，而我也開始打電話給會員。」

接下來一個月期間，莉薩親自致電那三百五十個會員。有時候她會講上一個鐘頭的電話，跟會員們聊天，問問他們對健身房的看法，還有他們想看到健身房重開後有什麼樣的改變。她仔細聆聽這些人的故事，他們的健康目標，以及生活上他們想分享的私密大小事。每講完一通電話，她就挑與對方生活及想達成的目標相關的最重點，寫在空白表格紙上，以免自己忘記。

儘管莉薩當時並沒有意識到這一點，但她已經啟動了自動發條流程。一如我們在上一章說明過的那樣，她先釐清了自己想要服務的對象：也就是在肥胖率高的社群裡，有體重相關之健康難題的人。聽好了，許多創業家就是在這個時候，按照釐清的結果調整了他們供應的產品，以便滿足顧客的需求——即便這麼做會讓他們偏離初衷。假設莉薩得知，這些健身房會員中，有不小比例的人想練健身、參加健身比賽，那麼按常規的「看法」，我們會認為她應該專門為那些人做點什麼才是。可是她很有智慧。她的使命是要在傳統上肥胖的社群裡，根除病態肥胖，沒有任何事情能讓她一改初衷。

傳統的道理告訴我們，先確立服務的對象，接著調整我們的供應、滿足他們的需要。用現今流行的用語就是「轉向」（pivot），不過這講法還會變。過去大家會用的字眼是「轉折點」（inflection point），更早之前則是「典範轉移」（paradigm shift）。再往前推，大家的說法是「這樣啊，天殺的那我們現在該怎麼辦？」重點在於你得賣顧客想要的東西，否則你會沒東西可賣。表面上，這個理論似乎有道理，然而這卻忽略了成功企業最重要的元素——也就是你。

我見過很棒的企業一轉向就走下坡，還有很棒的創業家一轉向就魅力盡失。我也碰過許多企業主厭惡自己企業轉向後的樣子。為了滿足顧客的需求，他們一直改變自己供應的產品，改到顧客開始買為止。可是，在這個過程裡，他們忘了思考他們（企業主自己）要的是什麼。他們忽視了內心召喚自己要做的事。企業或許能贏得顧客，卻喪失了企業主的初心，連企業的精神都沒了。這個企業，就這麼一點一點地經歷死亡。

誠然，提供所需可能會賺錢，不過，這要付出什麼代價？

為工作提心吊膽，絕對不是體驗人生的方式，以此擴大你的企業規模，也沒有效率。正因如此，決定自己想要什麼才至關重要。你希望自己以何聞名。你的內心呼喊著要自己做什麼事。不要為了頂尖客戶的要求而轉向，**除非**他們要的跟你要的一致。你希望**他們**快樂，而他們需要**你**快樂。不要轉向。要校準。

莉薩繼續追隨自己的任務，健身房生意很快就好轉了。不到一年的時間，她的業績是所有

Anytime Fitness健身房連鎖店的前百分之五。知道真正讓人驚訝的是什麼嗎?莉薩一開始駐點工作完一個月之後,現在平均每個禮拜只花五個小時經營事業。真的,我沒有寫錯。不是五十個小時。是**五個小時**。**全部**五個據點,總共花五個小時。她是怎麼辦到的?這都從「大爆炸」(Big BANG,即「偉大而美好、大膽又崇高的目標」)[1]開始,換句話說,始於她公司的大宗旨。那個宗旨校準了她想服務的人,也校準了她希望服務那些人的方式。「大爆炸」促成了莉薩重大無比的改變,也會為你的公司帶來改頭換面的改變。它是校準公司內部員工的基本工具,同時也是激勵公司前進的動力。

你的「大爆炸」是什麼?

莉薩想為根除傳統肥胖社群中的病態肥胖出一份力。那是她的「大爆炸」。那是她企圖改變世界的方式——也是她正在做的事。我的「大爆炸」是根除創業貧窮。我相信,企業主可以藉著革新重大問題的解決辦法,同時透過提供好的工作,拯救這個世界。他們需要穩固又健康的小型企業才能辦到,這就是為何我以協助他們(也包含各位)實現目標為任務。那是我企圖

1 譯注:原文為Big Beautiful Audacious Noble Goal。Big BANG直譯為「宇宙大爆炸」,英文裡素有「一切皆從宇宙大爆炸開始」的講法,作者詼諧地利用首字母組成的字玩文字遊戲。

改變世界的方式。

你的「大爆炸」是什麼呢？套句詩人瑪麗．奧立佛（Mary Oliver）曾說過的話：「你打算用你狂野又寶貴的一生做什麼呢？」

但是，如果你沒有以深深影響大眾為目標的「大爆炸」（例如終結病態肥胖或根除創業貧窮），也沒有關係。真的沒關係。推動你的那個宗旨，必須對你有意義。能為你的世界帶來深遠影響就夠了，不一定是整個世界。

我的朋友梅力克（Malik）跟我聊到，他的「大爆炸」就是餵養他的兩個女兒。他的妻子已經過世了；他的重心不是改變全世界，連改變一小部分也不是。他的任務是改變他**孩子們的**世界，提供她們所需的穩定。假如你的「大爆炸」跟這個類似的話，那可真是大得不得了。無比地大啊。你在改變**她們的**世界，那就是改變**整個**世界。

無論那是多大或多小的希望，你希望你的世界怎麼樣呢？

我幫自己的團隊物色新成員時，會聊聊我們公司的「大爆炸」意味著什麼，我希望它為我們的世界帶來什麼深遠的影響，還有它對我而言很重要的理由。他們覺得這是否重要，我不確定。有的人可以體會；有的人則無法理解。那些無法體會的人，就算是很棒的員工，也不具備牽引他們往前的使命感。他們或許表現不錯，可是，因為這個偉大的抱負對他們沒有特殊意義，所以，他們沒有動力留在公司，或做些了不起的事。

你的宗旨比你的努力更為重要。當你不想繼續往前時，就是你的宗旨讓你可以再接再厲。我寫第一本書時，以為自己第一個禮拜就會賣幾千本，可是我才賣了一些。這真是讓我大夢初醒，在那一刻，我深切意識到「你到底要怎麼**真的**賺錢？」不過，在我妻子的提醒之下，我想起一封特別的讀者來信提到，我那本書「拯救了他們」。「大爆炸」目標達成，加一分；這就是我能繼續下去的情感動力。即便你沒有看見經濟效益，情感上的成功，也可以作為讓你堅持到底的動力。

當你有了執行工作以外的使命，就要常常在公司內外、用不同的方式談論這樣的使命。說說實例，聊聊這個使命帶來的影響。談談經驗，講一講你的公司為了實現這個目標，做過些什麼。點出協助你堅持目標的員工，並公開表揚他們。這個大使命，就是你做目前這些事情的理由，是你前進的動力。

決定「一定說到做到的承諾」

假如你還不確定自己的「大爆炸」，沒關係。你不必等找到「大爆炸」後才開始把自己的公司自動發條化，你可以繼續邊做邊想。接下來的部分——宣告你們公司一定說到做到的承諾，就不能等到之後再想了。

有一種東西，是自動發條化流程的核心——你最希望公司以此聞名於世，同時，你公司的聲譽不但寄託於上，客戶對其更最為看重。那種東西，我稱為「一定說到做到的承諾」（Big Promise）。當你的企業各方面都和「一定說到做到的承諾」一致，兩相校準完畢時，這個大目標會提供你所需的清晰度與確信感，以便規劃你的企業、使其自行運作，同時讓員工與你並肩參與。

我之所以要你們先想一想自己的「大爆炸」，是因為有時候創業家會搞不清楚這兩者有何差別。你「偉大而美好、大膽又崇高的目標」是驅動力，也是你企業的宗旨使命。不過，這無法說明你要完成的事。你要完成什麼，也就是那個「一定說到做到的承諾」，是你最後為客戶實現的事。進一步釐清的話，這個承諾並非特定的產品或服務。而是你的公司打算以何聞名，也就是你的頂尖客戶們最看重的東西。

以莉薩的Anytime Fitness連鎖健身房而言，「一定說到做到的承諾」就是穩固牢靠的個人連結。她知道在她的產業裡，最大的難題之一就是顧客保留（customer retention）。人們會加入健身房，然後幾個月內就退出了。她曉得，如果會員們能從健身房及其員工身上感受到支持，就能激勵會員的忠誠度，讓他們堅持自己的健身目標。（讀者們，有沒有發現，這也有助於實現她的「大爆炸」？）記得嗎，莉薩接手健身房時的第一步，就是打電話給現存的會員，想多了解他們。在那之後，她的政策、經營實務以及團隊，全都致力於維繫那樣的連結——跟新會員則從一開始就建立起了那種連結。

減重不只是身體的變化而已；心理也需要轉變才行。顧客若感覺莉薩的團隊真的有把他們的心聲聽進去，就能分享更多自己面臨的困難與恐懼。這麼一來，他們就更有能力改變造成自己肥胖的既定觀點與行為。她的健身房跟其他健身房的器材並無二致。運動課程跟其他健身房也一樣。顧客們沒辦法在其他健身房得到的，是他們與莉薩的團隊建立出的深刻連結感。莉薩相信他們辦得到，所以他們認為自己辦得到——而且，他們相信莉薩的健身房終將成功。

大爆炸＝驅策你做事的宗旨
一定說到做到的承諾＝你最受顧客看重的價值

先前我已經跟大家說過，我的「大爆炸」就是根除創業貧窮。我對顧客「一定說到做到的承諾」是簡化創業，而我的實踐方式就是提供產品（書籍、影片、廣告小物）與服務（教育、訓練、業務諮詢、演說）。

請讀者們注意我的「大爆炸」和「一定說到做到的承諾」之間的關係為何。即便你還無法確知自己的「大爆炸」是什麼，宣告「一定說到做到的承諾」還是有效。你可能每天都帶著要讓顧客刮目相看的心態上班。那樣的驅動力，就來自於「一定說到做到的承諾」。那就是你在其他人之間建立自己聲譽口碑的方式。你只不過還沒定義自己的人生目標而已，那並不打緊。

「大爆炸」是你公司存續的理由，同時，你也要靠著這個，建立公司的向心力。我不希望各位一味試圖弄清楚自己公司的宗旨為何，因為這也許不會自然而然地出現。拜託，可是有書專門教你怎麼找出自己公司的宗旨耶，賽門・西奈克（Simon Sinek）的《先問，為什麼》（Start with Why）就是一例。眼前，你大可先跳過「大爆炸」，甚至過好一陣子再說，但你卻不能跳過「一定說到做到的承諾」。你公司的聲譽，就靠它了。

以下提供一個方便實用的表格，讓各位能進一步區分這兩者的不同（參見圖表4）。

我在前一章提到自己還在Olmec時，因為對任何客戶的要求都來者不拒，而經歷過的那些困

圖表4：大爆炸／一定說到做到的承諾

公司	大爆炸 驅策公司的宗旨	一定說到做到的承諾 頂尖客戶最看重的東西
莉薩・邱克（Anytime Fitness連鎖健身房）	根除傳統肥胖社群中的病態肥胖	深刻的個人連結
麥克・米卡洛維茲（小型企業作家）	根除創業貧窮	簡化創業
谷歌（Google）	各地的人都能取用有幫助的資訊	最佳的日常使用線上工具
迪士尼樂園	激發所有人內心住的那個孩子的想像力	世界上最快樂的地方
世界自然基金會（World Wildlife Fund）	拯救地球	將成員捐助的錢發揮最大成效

難。我們一找出自己的頂尖客戶、不再分心，確實就變得更有效率了。但等到我們找到「一定說到做到的承諾」後，真的，生意就開始一路通暢順遂。

我們已知的是，在我們產業的ＩＴ公司裡，有其他技術能力比我們好的公司。有的公司則有較好的地利條件。既然如此，我們的頂尖客戶滿意Olmec的哪一點？

於是我們從頂尖客戶清單的第一名開始著手：一家避險基金的財務長賴瑞．歐佛里爾（Larry O'Friel）。他的公司在我們的客戶名冊里之所以與眾不同，是因為他們不但付我們的價錢好，還會早早付款。

我問賴瑞：「你們為什麼繼續跟我們買東西？我們做對了什麼？」

「你們的反應迅速」，他答道。

當你問客戶「我們做對了什麼」這個問題時，他不會針對問題給你答案。他們會告訴你他們是如何衡量你的表現。而且，既然他們是這麼觀察你的，所以你做對的事，其實就是你要做得更好的事——**前提是**這件事與你希望服務客戶的方式一致。

問問你所有的頂尖客戶，你做**對**了什麼，他們的答案會讓你知道，你的聲譽取決於哪件最重要的事。這是絕對有效的絕地武士（Jedi）控心術[2]。我們的既定思維是，要改進自己很難做

---

2 譯注：在《星際大戰》系列電影（Star Wars franchise）當中，絕地武士有操控他人心智的能力。

好的部分。不是的。你要利用你的聲譽，強化你的聲譽。那會成為你主宰世界的力量——是你「一定說到做到的承諾」。

從賴瑞那兒得知原來要緊的是我們的速度之後，我經歷了悲傷的好幾個階段[3]。我做得比較好的方面可多了，才不只是速度而已。我先是經歷了否認（你知道的，就是那條埃及的河——尼羅河）[4]，接下來則翻越了「憤怒」的高山、穿越了「沮喪」的山谷。最終抵達了「接受」的海洋。我想起了自己的供應商。例如，要是我有問題而且需要訂購電腦的話，那我最在意的一件事情會是：電腦運作正常嗎？其他的我不會特別在意。你的客戶也不會在乎你做的一切大小事。他們在乎**他們**在乎的事。

隨著我繼續訪談我們的頂尖客戶，我聽到了類似的回應。雖然他們的用字遣詞和賴瑞有別，不過，看起來，我們最喜歡的客戶，大多會選擇跟我們做生意且繼續往來的主要原因，就是我們反應快速的能力。

雖然當時我們並未宣稱，「解決技術問題的反應速度疾如閃電」就是我們一定說到做到的承諾，但事實的演變水到渠成。有了這個新的宣言，我們重新將公司各方面的重點，放在履行承諾與創造新點子上，不僅改變了我們的企業，也改變了我們的產業。

宣告「一定說到做到的承諾」，是讓你的企業自行運作的規劃工作裡不可或缺的一環。如果你不清楚這個承諾，就會繼續處在反應模式，受到自己企業的束縛。更糟的是，你會繼續妨礙公司成長。你們要慢慢地明確訂定出「一定說到做到的承諾」，如此，將會為你和你的團隊以及公司，帶來無限的可能。

我再扼要重述一次，我的「大爆炸」是根除創業貧窮。那是驅策我寫書的原因。身為作者，我「一定說到做到的承諾」是簡化創業。而這本書的承諾是，透過簡單易行的流程，把你的時間還給你，實現簡化創業。當你步上一條毫不複雜的道路，朝著無須擔心自己企業運作的目的地前進時，我就實現了自己「一定說到做到的承諾」。而當你的企業在沒有你的情況下運作時，我就更進一步設法解決了你的創業時間貧窮——也就是你醒著，卻被自己的企業榨乾的每分每秒。搞不好，你會加入行動，賦予員工自主能力，以提高他們的工作效率，獲得更多生活時間。又或許，這會在其他的創業家之間傳開。如此，我的「大爆炸」就會向前邁進。

3 譯注：作者參照的是美國精神病學家伊莉莎白・庫伯樂・羅斯（Elizabeth Kubler-Ross）於一九六九年提出的「悲傷五階段」。

4 譯注：作者參照的是馬克・吐溫（Mark Twain）說的話：「Denial ain't just a river in Egypt」，取Denial（否認）與The Nile（尼羅河）的諧音。

寫給員工：柯拉的故事

賈伯特福為人熟知的就是他們公司的環境責任。事實上，公司老闆凱文．布洛德斯（Calvin Broadus）就是積極與地方政府合作推動環境法的著名園藝家兼環保論者。他相信房屋在具備美麗戶外空間的同時，還能有助於培育自然棲息地。

柯拉在賈伯特福上班的第一天，跟想像有很大的出入。她一進公司，凱文和戈登都跟她打了招呼。從戈登那兒拿到自己的新裝備和獨一無二的客戶計分卡後，她以為接下來一整天，就是填寫文件資料與觀看訓練影片。不是那樣。

她反倒先被帶去認識了自己的同事，也就是環保團隊成員。同事們問了跟她人生有關的問題。大家還分享了自己為什麼加入賈伯特福的故事。可以清楚聽出一個重複的主題：大部分的人是出於想要改善環境，才來賈伯特福工作。他們的戶外水電工程嚴格遵守最高的環境標準，每件案子都是一種改善環境的方法。例如：他們設計的新戶外火盆，不僅美觀，還減少污染，同時，火盆的內凹處與鏤空部分都作了隔熱處理，野生動物可以棲息其中。第一天都還沒結束，柯拉就已經深深愛上賈伯特福公司。

柯拉明白，雖然她對自己99%的工作內容都還不懂，但她懂得最重要的那1%：公司要和諧整合人與自然的宗旨（也就是公司的「大爆炸」）。她還知道了公司「一定說到做到的承諾」：與自然協調一致的戶外生活空間。接著她做了一件所有員工都該做的事。她說：「再多告訴我一些。」

無論你的工作內容與責任為何，對公司的「大爆炸」有清楚的認知（也就是清楚了解你的工作背後有何來由），就是有了正確的依循方向。清楚知道公司「一定說到做到的承諾」是什麼，則有助於理解你為自己公司和客戶服務的方式。

你能幫上什麼忙呢？身為員工，對於公司的「大爆炸」和「一定說到做到的承諾」，你會有自己的解讀。一有機會，你就用自己的話，告訴別人你怎麼理解公司的任務。同時，要是看到有什麼不符合之處，就要點出來。雖然你不必當個大小事都不放過的監督者，不過，要是你發現驅策公司的宗旨與承諾有什麼重大轉彎，務必提出來解決，以免日後成為嚴重問題。

自動發條系統實務

1. 想想你希望為世界帶來什麼樣的重大影響，向人宣告你「偉大而美好、大膽又崇高的目標」（也就是你的「大爆炸」）。人生的決定性時刻、重大創傷或是孩童時期的夢想，往往會催生出一種個人使命，而你的公司可以加以實現。激發出我的「大爆炸」的，是我曾經歷過的嚴重財務創傷——當時我金錢管理不善，眼看自己九歲的女兒，不得不自願拿出存錢筒的錢，解救家裡的財務困境。你之所以從事自己目前的工作，理由可能來自痛苦或快樂的經驗。想想看，你每次交付自己提供的東西時，為客戶服務了什麼，還為你自己做了什麼——或許就能從中發現你的「大爆炸」。

2. 訪談你的頂尖客戶，讓自己得以對準「一定說到做到的承諾」，也就是你最擅長、而且希望以此聞名的事，大步邁進。他們認為你特別的理由，有沒有什麼共同之處？此外，你希望擁有的聲譽，可以跟客戶的意見反應無關。只要問問你自己，你希望自己的公司以什麼出名就好——那就可以成為你「一定說到做到的承諾」。

第 4 章

決定你公司的「女王蜂角色」

在你的組織內部，決定最終成功與否的關鍵，
不是特定的人，而是能實現企業承諾的核心功能。

「察覺問題，開口直言。」（If you see something, say something.）

美國國土安全部（the US Department of Homeland Security）有個相當重要的「一定說到做到的承諾」：預防恐怖攻擊。他們認定，預防恐怖攻擊的最佳辦法，就是辨識並揭露一切可疑的活動。雖然他們的工作多不為人所見，不過，我們的確會看到大眾運輸設施滿布的海報上寫著：「察覺問題，開口直言。」透過這則訊息，他們在邀請包含你我在內的所有人，協助他們實現他們的承諾。

那樣的行動呼籲，實獲成效。聖荷西州立大學（San José State University）的一份研究發現，打從這句標語在一九七〇年普及化之後，經濟發達國家的偵檢率（detection rate）提升了14%。同時，隨著這句話被宣傳的頻率越高，越多人知道，恐怖攻擊的預防率也越高。

如同國土安全部要靠著我們全體的協助來實現他們的承諾，你也要靠著你的團隊，實現你們公司「一定說到做到的承諾」。在校準階段，你要決定的最後一件事，就是找出實現你最大承諾的核心功能是什麼。當你的所有團隊成員都知道那個核心功能是什麼，也清楚自己該怎麼對其發揮己能時，就算那只是一件小事（例如撥某個電話號碼提報可疑包裹），你實現那個重大承諾的能力也會提升。

什麼是「女王蜂角色」？

多年前，我從一個簡單的提問下手，開始尋找讓企業經營更有效率的解決之道。我的提問是：全世界最有效率的組織是什麼？那就是我們大家都希望擁有的組織──一個會自動生產錢的有效率組織，如此一來，我們就會有決定自己想做什麼、什麼時候做的自由。我在谷歌搜尋的結果是什麼呢？什麼也沒有。

就這麼巧，某日我一邊開長途車，一邊切換廣播電台聽，結果隨機聽到一則跟蜜蜂相關的報導。全國公共廣播電台（NPR）的記者在現場和蜂農一起報導這些昆蟲的神奇行為。接著，按照全國公共廣播電台的慣例，他們還在報導中分享了一些現場發生的事：記者太靠近蜂巢，結果遭到蜜蜂叮咬。

聽著聽著，我對蜂群印象最深刻的是，他們能極為快速而且幾乎毫不費工夫地擴大規模。搞不好你自己就親眼見識過這種情況。前一天你的窗戶外才來了一隻蜜蜂嗡嗡嗡地飛來飛去，感覺也不過才隔一天，你卻看到一個超大的蜂窩。蜜蜂是怎麼辦到的？

蜂群裡的每一隻蜜蜂都知道，自己只要做兩件事就好，而且每次都按照同樣的順序即可。首先，每隻蜜蜂一定都要確保蜂卵的生產受到保護──沒有什麼比這個由女王蜂擔當的角色更重要了。接下來，而且一定要確保了這件事之後，蜜蜂們才會去做牠們的「主要工作」（Primary

Job）——也就是例行活動中最重要的工作。因此，他們的「嗡嗡企業（buzziness）」[1]（我發誓，這個字眼我只會用一次啦）成長得又快又容易。

以下是蜂群的運作方式：

1. 蜂巢最重要的功能就是蜂卵的生產。大部分的蜜蜂壽命都短，依種類不同，為期四到八週。因此，他們需要源源不斷的新蜂。所以，女王蜂擔當了蜂巢裡最關鍵的功能：產卵。產卵的任務就是「女王蜂角色」。假如「女王蜂角色」一直嗡嗡工作，就會產出足夠的卵，確保蜂群繁盛。如果無人擔當「女王蜂角色」，整個蜂巢就會陷入立即的危險。
2. 每隻蜜蜂都知道，要讓蜂群繁盛，最重要的功能就是卵的生產，所以此一活動會受到保護，大家會為此效力。由於一個蜂群裡只有女王蜂能產卵，因此，她會受到大家的照料、餵養和保護。她只做自己的工作，不受任何其他事情的干擾。
3. 「身為女王蜂」跟「作為蜂群最重要的部分」是不一樣的，別搞混了：真正重要的是她所擔當的**角色**。蜂群需要快速而持續地生產出健康的卵。重要的不是某隻特定的女王蜂或其他女王蜂；「女王蜂角色」才是關鍵。所以，要是女王蜂死了，或者沒能產卵的話，蜂群就會馬上想辦法誕育一隻女王蜂，讓「女王蜂角色」得以再次啟動。

4. 蜜蜂們一旦確信「女王蜂角色」已完全實現，就會去做他們的「主要工作」。可能是採集花粉和花蜜（食物）、照料蜂卵與蜂蛹、控制蜂巢的溫度或者捍衛蜂巢——以免被國家公共廣播電台用來營利囉。

了解完蜂巢何能如此有效率地擴張規模，我有了此生最大的頓悟。我這才明白，弄清楚「女王蜂角色」並加以滿足，會徹底改善所有創業家的企業，也會大大提升創業家們的生活品質。在你的公司裡，什麼活動相當於蜂卵的生產呢？**你的**「女王蜂角色」是什麼？現在就讓我們把它找出來。

如何找出「女王蜂角色」

假如你的包裹明天絕對一定要寄到的話，你會選擇哪一家快遞公司？當然是聯邦快遞（FedEx）。因為他們就是以此賭上商譽。那是他們「一定說到做到的承諾」。既然「女王蜂角色」是最能確保那個承諾會實現的活動，那麼，什麼是聯邦快遞的「女王蜂角色」呢？是客戶

1 譯注：作者刻意結合buzz（蜜蜂嗡嗡聲）跟business（企業）大玩文字遊戲，創出與business諧音的新字。

服務嗎？不是，因為客服跟答覆與處理問題比較有關，跟包裹準時送達比較無關。是他們營運中心的地點嗎——是大家可以去列印、影印、寄送包裹、購買辦公室耗材、基本上當它是第二個辦公室的那種地方？也不是。在那棟建築裡，除了寄送包裹的櫃檯之外，沒有太多其他的東西有助於聯邦快遞實現他們「一定說到做到的承諾」。雖然這一切跟該公司有關的部分都很重要，不過，這些東西不吻合「女王蜂角色」的必要條件。而且，「女王蜂角色」一定只有一個。這樣的話，他們最關鍵的活動是什麼？對聯邦快遞而言，就是物流——包裹流動的管理。物流正常運作的話，他們就會日復一日持續不斷地實現他們「一定說到做到的承諾」。

不過，假設聯邦快遞決定把重點轉移到客服上，不以物流為優先要務。這下子，公司裡每個人都要團結起來支持這個新的「女王蜂角色」了。你覺得，不出幾天，報紙的頭條會寫什麼？「聯邦快遞XX的連一個包裹都找不到，但他們處理客訴的態度客客氣氣」。聽起來，這好像會伴隨一個成功到不行的產業龍頭就要倒閉的悲慘故事。

換個角度來看，假設聯邦快遞決定再加強他們現在的物流（也就是「女王蜂角色」），同時砍掉他們的客服的話，你認為頭條會寫什麼？「聯邦快遞沒有人接電話，但所有的包裹都準時送達」。他們或許會飽受媒體批評，搞不好還會被人做成一些讓人好氣又好笑的梗圖，但說到底，他們不會倒閉。你們知道為什麼嗎？因為他們的「女王蜂角色」繼續維持毫髮無傷的狀態。他們繼續實現了「一定說到做到的承諾」。

二〇一八年，North Star Messaging + Strategy的潔希・哈諾德（Jessi Honard）和瑪麗・帕克斯（Marie Parks）開這家文案寫作公司的時候，簡直是「潔希和瑪麗雙人秀」。她們什麼事都自己來，不抱任何找其他寫手分擔工作量的希望，更別提給自己放假了。等她們啟動「像自動發條一樣運作」（Run Like Clockwork）的計畫時，她們找出了「一定說到做到的承諾」：我們懂你。

為了寫這本書，我找來潔希訪談，當時她告訴我：「我們曾經有個客戶說，把文案寫作外包出去，就好像把她們企業的核心與靈魂外包出去一樣。」她接著說道：「瑪麗和我還沒著手進行自動發條流程前，就已經曉得了一件事：我們通常都跟已經開業有一小段時間的企業主合作。他們都帶著相同的無力感找上我們，說他們之前也曾試過外包文案，但即便對方是了解他們企業的好寫手，文案仍然不像是出自於他們手中。我們的客戶說，你們懂我們，你們讓我聽起來比我寫的更像我自己。」

清楚確立「一定說到做到的承諾」之後，她們定下了自己的「女王蜂角色」，也就是確保她們能繼續實現那個承諾的主要活動：捕捉客戶的心聲。

一確立了「捕捉客戶的心聲」的「女王蜂角色」，North Star的競爭對手就無出其右了。此舉也啟動了改變，讓業務急遽成長並達成組織效率。找出「女王蜂角色」讓潔希和瑪麗了解，她們得訓練團隊裡的其他寫手為「女王蜂角色」效力，最終讓「潔希和瑪麗雙人秀」告終，給她們空間，做更多自己熱愛的事。

現在輪到各位讀者了。我很喜歡那種坐下來要寫回家作業時，才發現原來自己在課堂上已經寫得差不多的感覺。嗯，你們猜怎麼著：假如你完成了第2章和第3章的實務步驟，你就已經完成了大半的「女王蜂角色」回家作業啦。校準階段的最後一塊拼圖很容易。就是找出你公司的「女王蜂角色」，確立最能確保你成功實現自己「一定說到做到的承諾」的那一個活動。

「女王蜂角色」是你公司最核心的活動——你的公司要繼續存活下去，這個像心臟一樣重要的活動就必須一直跳動才行。它是整個團隊必須支持的事，不能停也不能壞，否則，顧客對你們公司的器重就會付之一炬。「女王蜂角色」是實現願景、讓你公司商譽大噪的活動。相較於「女王蜂角色」，其他一切都位居其次，而且，有些工作和活動根本對實現「一定說到做到的承諾」毫無助益。你或許可以放棄那些事，把更多注意力和效率放在對「一定說到做到的承諾」有重大助益的事情上。還有，有別於蜂巢，你的「女王蜂角色」不必只靠單一個體滿足。在理想狀態下，為了避免重複，同時提升效率，「女王蜂角色」會由好幾個人和／或好幾個系統滿足。

「女王蜂角色」帶來的影響

我在前一章分享過，自己在之前的其中一家公司Olmec訪談了頂尖客戶，然後根據他們最看重我們所提供的服務面向，得到以下結論：

一定說到做到的承諾：解決技術問題的反應速度疾如閃電。

還有，確保我們一定會持續不斷實現那個承諾的活動：

「女王蜂角色」：把「解決問題」的時間縮到最短。

各位發現了嗎？我們的「女王蜂角色」跟提供絕佳的整體服務一點關係也沒有。我們必須改變專注的重點，才能以最快的速度解決重大的技術問題。請注意，這些是發生在90年代中期的事。那是《風雲人物》（*It's a Wonderful Life*）的演員吉米・史都華（Jimmy Stewart）還活著、而且PalmPilot[2]是「智慧型手機」首選的年代喔。假如PalmPilot比你還老的話，你得知道：那產品既不智慧，也不是手機。當時，對大部分的故障排除工作來說，遠端撥入存取的技術還不完備，「雲端」這樣的應用形式也尚未存在，也就是說，要讓技術人員盡快到達工作現場，讓他們碰到實體的鍵盤、開始解決問題才行。這也意味著，要找出簡化人員派遣的方法。我開始隨身在皮帶上別著三個呼叫器（這是當時正火紅的科技），處理我自己和其他技術人員到客戶端的事。很炫吧？跟我90年代時的寬管牛仔褲可搭了呢。

我們還更動了公司的結構。確立「女王蜂角色」之前，我個人負責三十個客戶；我的合夥

2 譯注：90年代某款最熱銷的PDA（personal digital assistant）。

人員貝瑞（Barry）也負責三十個客戶；其他的技術人員則各自有他們負責的客戶，以此類推。這樣的安排一開始似乎很合理，因為我們以為客戶會想跟「他們熟的人」合作，而不想要好幾個技術人員修理他們的電腦。我們當時還不知道自己的「女王蜂角色」是速度，因此，我們的組織結構依據的是純粹的臆測。就像電影《魔鬼剋星》（*Ghostbusters*）裡演的那樣，我們試圖讓「質子光束」絕對別交叉互碰[3]，所以要是貝瑞有個客戶需要服務，而他人在另一頭的客戶現場，對方就得等到他能過去才行。

宣告了「女王蜂角色」後，我們在這方面做了改變，讓效率變得更好。我們訓練每一位技術人員，具備應付所有客戶重點技術需求的能力。這下子，所有的技術人員雖然還是他們各自客戶的聯絡窗口，但是一旦出現嚴重的技術故障，隨便一個有空的技術人員，都能服務任何一個客戶。因此，假如貝瑞不能到某個工作現場的話，他不但可以立刻派一名技術人員出馬，如果有必要，還能透過電話協助排除故障。

滿足了「女王蜂角色」，才能實現「一定說到做到的承諾」——我們從這樣的角度出發，檢視工作的各方各面；這麼做，讓我們找出了原本可能想不到的創意解決辦法。為了順利執行人員到場解決問題的「女王蜂角色」，我們還得想辦法叫客戶端的使用者讓出電腦，給我們的技術人員維修。有時候，機器的某一種功能可能失效（例如電腦無法取得股市的即時交易資訊），但其他功能卻運作正常（例如電腦還是可以進行股票交易）。在這種情況下，使用者想要（需要）繼續做事，而我們的技術人員卻站在一旁，沒辦法解決問題。這讓我們想出了一個當時聞所未聞的新點子。我們為自己的頂尖客戶們添購額外的電腦，同時預先設定好，讓它們可以執行客戶使用的軟體，然後把這些電腦存放在我們的公司。

過去，等待使用者讓出電腦是我們的第一步。現在，第一步變成讓使用者移駕到替代的電腦上。客戶可以在幾分鐘內運作如常，不必花幾個小時等我們修故障的電腦。我們透過不斷改善自己的「女王蜂角色」，讓客戶驚嘆連連。我們完成工作的速度之快，還有我們與產業常規的大大有別（而且是往好的方面），便傳開來了。

我們處理頂尖客戶問題的速度變快，他們就開始把利用新技術讓公司成長視為要緊的事，然後交由我們負責。我們不需爭取更多客戶，銷售量就增加了。接著，我們增加了一位待在辦公室裡為派遣技術人員提供電話支援的技術長，透過這個做法，繼續滿足、不斷補強我們的「女王蜂角色」。這位技術長建立出一套問題與解決辦法的知識庫，還不斷擴充，讓我們一收到問題就能以極快的速度解決，還讓派遣技術人員得以快點服務下一個客戶。也就是說，人員可以更快到場解決問題。

我們也不再安裝某一套特定的防毒軟體套裝，因為它似乎會把我們的遠端存取誤認為病毒

---

3 譯注：在電影裡，主角們使用質子光束槍時，絕對不可以讓射出的光束彼此交叉互碰。

攻擊，讓我們不得其門而入。由於這套軟體拖慢了我們存取的速度，所以就被淘汰了。我們不但找到更好的方式確保客戶技術安全無虞，最後還淘汰了耗時的步驟，進一步滿足了我們的「女王蜂角色」。

在我們宣告「一定說到做到的承諾」並找出「女王蜂角色」之前，我每天都在擔心自己要怎麼養家。老實說，那比起擔心更像是恐懼。那就是我為什麼要用盡心力工作的原因，有時候還從清晨五點工作到隔天清晨五點。我知道，你們也都經歷過。雖然那樣的工作量不可能長久持續下去，但是，除了多做多努力以求脫身之外，我不知道還有什麼其他的解決方法。結果，答案竟是少做。等我們終於有辦法變回一週工時四十小時的常態，我才能夠轉而專心擴大公司的規模。

諸位現在明白，專注於「女王蜂角色」，對公司的效率和聲譽有多必要了吧？我希望你們的內心現在充滿摩拳擦掌的能量，而且滿懷希望地期待著，宣告完**你的**「女王蜂角色」後，即將隨之而來的一切美好。

「女王蜂角色」的關鍵

有些話，我必須再次警告各位。大部分的創業家會自動認定自己就是「女王蜂角色」，然而，關鍵在於：「女王蜂角色」**絕對不是**一個人，也不會是一台機器。「女王蜂角色」一定是一個活動。所以，儘管你現在也許就是滿足「女王蜂角色」的人，甚至是唯一一個為「女王蜂角色」效力的人，那也不表示永遠都必須是你。事實上，**不該**永遠是你。

假如你是擁有五個以下員工的小型企業主，那麼你八成是滿足「女王蜂角色」的那個人。如果你是一人公司企業主的話，那幾乎篤定是你在為「女王蜂角色」效力。要是你的公司比較大，那麼，通常（但不一定總是如此）滿足「女王蜂角色」的人是你手下技能最好的員工。

提醒各位，對蜂巢而言，「一定說到做到的承諾」就是蜂群會興旺繁盛。而由女王蜂執掌的「女王蜂角色」，是生產健康的蜂卵。健康的蜂卵越多，就意味著健康的幼蜂越多，代表蜂群會成長茁壯。夠簡單吧。的確簡單，不過，我想再重申我之前就講過的重點，澄清各位可能有的任何疑惑。女王蜂滿足的是重要的角色，也就是「女王蜂角色」，然而女王蜂並不是最重要的一隻蜜蜂。用我們紐澤西人的講法，女工蜂是可以「調動」的（如果她生不出健康的卵的話），也可以被另一隻女王蜂取代。何況，她肯定不相當於人體的腦；集結成群的蜂才是。女王蜂則相當於人體的卵巢。

對你的企業而言，也是同樣的道理。滿足「女王蜂角色」的人並不是最重要的；而是他們在為最重要的角色效力。他們可以被取代、被複製，還能彼此互換。「女王蜂角色」可不行。「女王蜂角色」是最重要的功能，至於滿足此一功能的人（們），不過是做著最重要的工作罷了。儘管如此，這個人或這些人們，絕對不是公司的腦，他們只是做著卵巢的工作而已。

舉個業界案例說明吧。傑西．柯爾（Jesse Cole）是薩凡納香蕉棒球隊（Savannah Bananas）的老闆，他的球隊可說是所有棒球球隊（無論是大聯盟、小聯盟還是大學聯盟）裡最值得注意的其中一支。倒不是因為他們是一支有傑出球員的傑出球隊。事實上，球隊的成員都是大學聯盟明星賽的小夥子，每個球季輪替。這支球隊不斷地在變，很多球迷甚至連球隊任何一個球員的名字都不認得。為什麼呢？因為香蕉隊「一定說到做到的承諾」，並不是打一場了不起的棒球賽。

套句傑西的話：「棒球是娛樂節目間的中場休息」，內容一定得新鮮才行。我的意思是，假設你連續二十個週末都在觀看你家孩子的足球比賽，人會累倒吧。等等，你已經熬過來了。我想說的是，第一場球賽的確有意思。但當比賽開始重複時，那感覺就是在無聊和無奈之間擺盪了。踢啊。不要在球場上摘蒲公英！踢球啊，小子。天殺的快踢球啦！（你邊說邊小口喝著裝在保溫咖啡杯裡的葡萄酒，以為別人看不出來。順道一提，大家都知道啦。他們都覺得你幹得好呢！）

傑西知道棒球的情況更慘。大家都只是四處站著，等球被擊出，甚至連上場的都不是你家的孩子。所以，傑西把「一定說到做到的承諾」訂定為「歡樂的全家餘興活動」。全家出門看一場球賽是新鮮的體驗，但假如下次全家出遊你又看球賽，那無論如何都了無新意。有鑑於此，傑西不斷地推陳出新，編想天馬行空的表演，讓他的球隊演出，同時也想些有趣的遊戲，讓球迷們在各局之間可以同樂。所以，要保障「歡樂的全家餘興活動」這種「一定說到做到的承諾」，首要之務就是持續不斷地推出新點子——各位「捧油」啊，這就是「女王蜂角色」啦。

你的公司、我的公司和地球上的每一間公司都有聲譽。你要知道，你可以刻意建立起自己的聲譽，也可以靠顧客決定你的聲譽。假如你沒有精通的事，那名聲傳開來就是你不管什麼方面都位居次要。對於這種無關緊要的名聲，客戶們通常的評語就是「是啦，他們還可以」或「不怎麼樣」，或者是「他們還行，但……」，再不然就是「他們有點不怎麼樣，不過，目前我會找他們」。不過，一旦你決定自己要以什麼（「一定說到做到的承諾」）打響名號，就可以接著確立，你的企業裡最重要、絕不妥協、無論如何都不能搞砸的活動是什麼，實現你「一定說到做到的承諾」。

傑西邀請我在五千名香蕉隊球迷面前，擔任比賽開球嘉賓。我覺得榮幸極了！不過呢，我投出的不是棒球，而是一捲衛生紙（為了向我的書《衛生紙計畫》致敬），觀眾們樂歪了。那是新鮮、有趣又滑稽的餘興節目。「一定說到做到的承諾」兌現了。對薩凡納香蕉隊而言，「女王蜂角色」不是靠著傑西一個人滿足的，而是每一個娛樂了群眾的人。而對那一場球賽、那次丟衛生紙的開球儀式來說，我滿足了「女王蜂角色」——雖然只是短短幾秒而已。

幾年前，我在德國的法蘭克福（Frankfurt, Germany）約了我朋友克萊德（Clyde）與他老婆貝緹娜（Bettina）吃晚餐。當時我跟克萊德已經是多年朋友，不過，那是我第一次見到貝緹娜。用餐期間，我得知她是具備執照且通過檢定的加護病房小兒科醫師，在美國，這樣的醫師不到一千五百位。要具備這樣的資格，她得先完成學業加訓練，總共耗時十一年。

對我們創業家來說，大部分的人會覺得受十一年的高等教育，好像天長地久，不過，把這當成經營事業的初期階段來看吧。假如你是剛好在讀這本書的一般公司員工，那就把它想成你受教育、訓練、從初級職位入門學習自己產業的時間。你和貝緹娜一樣；她把時間和金錢投資在自己的職涯上，你則是把時間和金錢投資在自己的企業裡。

貝緹娜跟我們這些創業人士一樣，對自己的工作充滿熱忱。而且是極度的熱忱。她喜愛面對自己居住與工作的城市裡最情況危急的小兒科病人，她熱衷於指導主治醫師。連被要求利用休假時間做研究，她都樂在其中。唯一的問題是，她曉得自己沒辦法再這樣維持太久。當時她已經在這個產業當醫師好幾年了，接連不斷的工作量與各種要求，讓她心生自己能做十年就要謝天謝地的念頭。還不是連續十年，而是累積做十年。

想像一下：你要輪五班，一班十二個小時，接著還要輪三十個小時的班。除了病人照護，你還要擔任指導教授，訓練學生。然後，再花兩三個小時做病人與行政相關的文書工作。除了這一大堆事情之外，你還得處理計價與保險公司提出的爭議。輪完班之後，你還有更多跟指導實習醫生有關的行政工作要做。然後，等你奇蹟似地有體力無償加班一整晚之後，還必須寫研究論文，這樣（運氣好的話，幾年過後）你才有辦法升職。你累到所有的字眼都不足描述你的精疲力竭，搞不好只能用「救救我」才夠達意。

「我熱愛我的工作，可是我不覺得自己有辦法繼續維持這樣的強度，還保持身心健康」，貝緹娜這麼告訴我。「我開始明白，我不會一輩子都當全職執業醫師。不是只有我這麼想。在我工作的醫院裡，醫生們面臨倦怠的時間好像就是十年。」

我無法想像，像貝緹娜這樣具備專業訓練的菁英醫師，而且是病人迫切需要的那種專業，都得被迫接受——除非出現什麼翻天覆地的變化，否則她無法在工作崗位上待太久。她自己也無法想像。她才剛剛正值壯年，卻已經在承受這種掏空身心的痛苦，打算認輸退出。

「雖然作好心理準備接受了十一年的額外在學訓練，但卻沒人告訴你，這種工作量會造成什麼影響。我明明已經在訓練上花了那麼多時間和金錢啊，對我來說，這真是震撼教育。我實在無法在不發瘋的情況下，繼續維持這種強度，同時保持身體健康。但我非接受不可。」

因為醫院建立了一套永無止盡，也承擔不了的工作流程（不包含病人照護在內），結果，貝緹娜被迫要改變自己的人生規劃，而醫院也會損失其中一位最好的醫生。提供貝緹娜什麼生產力妙招，會幫她減少壓力嗎？不會，因為醫院已經提供過許多提高生產力的解方，接著很快地想出許多新方法，用更多工作填滿她的「閒暇時間」；處理保險給付爭議就是一例。想像一下：醫生在幫你做救命的心臟手術，手術動到一半，他得暫停一下，才能跟保險專員辯解為什麼他上次手術縫了十針而不是保險規定的三針。

你知道有個說法叫「別叫四分衛遞運動飲料」（Don't busy the quarterback with passing out the Gatorade.）嗎？[4]這是因為「女王蜂角色」太重要了。四分衛有該做的事。他得在球場上控球，而非發放飲料讓隊友們補充水分。同樣的道理，貝緹娜不該被會妨礙她為「女王蜂角色」效力的差事干擾。這清楚到大家竟沒能一眼看出。無論何時，拯救人命都必須是貝緹娜的第一要務，可是，她卻時常卡在零碎的差事上。這不是可惜而已；這可是造孽啊。

如果你也不珍視「女王蜂角色」，同樣是造孽。下一章，我會告訴你該怎麼做，才能確保你和你的團隊讓**你的**四分衛（滿足「女王蜂角色」的任何一個人）有能力傳好球，一路傳到得分區達陣，大跳霍奇隊（Hokies）的勝利舞步。[5]

寫給員工：柯拉的故事

賈伯特福公司「一定說到做到的承諾」是「與自然協調一致的戶外生活空間」。那麼，「女王蜂角色」就是確保這個承諾兌現的活動：持續不斷地測試。以傳統的方法在後院安裝泳池或架設露臺與棚架，可能會破壞小生物的棲息地與植被的環境。有鑑於此，公司的全體員工都接受大量與永續實務相關的訓練。他們每天都會確認，保證他們的工作對環境無害。所有案子結束時，他們會從國家公園或環保團體找來外部人員，檢視案子，評比他們的工作品質。

這種程度的用心，在這個產業是聞所未聞的，而這就是賈伯特福為什麼受到客戶大加讚揚的原因。

柯拉有許多得親自動手的工作，像是裝設水管或其他材料等等。不過，她也有責任和所有賈伯特福的員工一起保護「女王蜂角色」。賈伯特福流傳著一句話：「察覺問題，立刻開口直言。」（See something. Say something. Immediately.）儘管柯拉還沒要操作大型機具，也尚未擔任工作監督之職，但如果「女王蜂角色」受到危害，她還是有終止整個案子的權力。他們稱此為「紅色警戒」（Code Red），可以透過他們智慧型手機發送的頁面終止案子的進行。

你能幫上什麼忙呢？確認自己清楚公司的「女王蜂角色」。假如你不清楚，就開口問。在清楚明白整體大局的情況下做事，你就能更容易理解自己所作所為背後的道理何在。你要怎麼

---

4 譯注：這是一九八八年電影《上班女郎》（*Working Girl*）裡的經典台詞。全文為「I'd love to help you, but we can't busy the quarterback with passing out the Gatorade」，言下之意是，重要性十足的人，不該在派對上替客人端飲料。

5 譯注：作者是維吉尼亞理工學院（Virginia Tech）的畢業校友，該校的美式足球霍奇隊（Hokies）相當知名。

為這個「女王蜂角色」效力呢？你是直接滿足「女王蜂角色」的人，還是從旁輔助？一旦清楚了「女王蜂角色」，你就要留意「女王蜂角色」在什麼方面可能受到阻礙，或還有改善空間。你計畫用什麼方式照管「女王蜂角色」呢？你「察覺問題，開口直言」的策略為何？假如「女王蜂角色」面臨難保或滯礙的情況，你能做些什麼，讓它再次運作？要是你得先放下自己的其他工作、支援「女王蜂角色」時，你的備案是什麼？

自動發條系統實務

我只要求各位執行一個行動步驟就好：確立你的「女王蜂角色」。

沒錯，只有這樣。做了這件事，你就會開始找出大方向，不被其他無關緊要的事干擾。「女王蜂角色」是企業能自行運作的關鍵所在。

以下的練習，有助於你找出「女王蜂角色」：

1. 確立「一定說到做到的承諾」之後，問問自己，你要怎麼實現這個承諾。你要把公司的所有活動都納入考量。哪一個活動跟實現「一定說到做到的承諾」有最直接的關係？這不見得是憑空就可以輕易挑出的。所有的活動可能都會讓人覺得是最重要的活動。然而，就定義上，最重要的活動只有一個。

2. 你可以利用便利貼推導法（sticky-note exercise），透過邏輯演繹，在所有的活動中找出「女王蜂角色」。作法是在一張便利貼上，寫上一種活動，所有的活動都要寫。例如，假設你的「一定說到做到的承諾」是與眾不同的支持，那麼，為了實現這個承諾，你不可或缺的重要活動就可能有接電話、回覆聊天訊息、回電子郵件、跟客戶對談等等。要注意的是，一個活動寫一張便利貼。在這個例子裡，你就會有四張便利貼，不過數字多寡並不重要。

3. 檢視你的便利貼，拿掉跟「一定說到做到的承諾」最無關的兩張。一直重複這個步驟，直到剩下最後兩張或三張便利貼為止。在剩下的便利貼裡，挑出要實現「一定說到做到的承諾」最不可或缺的那一個活動。那就是你的「女王蜂角色」。對我來說，有助於我實現「簡化創業」這個「一定說到做到的承諾」的重要活動，包含演說、Podcast訪談、寫書、影片培訓，還有一些教練輔導工作。話雖如此，我開始逐一刪除之後，在所有的活動中，寫書最能幫我實現「一定說到做到的承諾」。因此，寫書就是我公司的「女王蜂角色」。一如蜂群的健康那般，我的企業要健康，仰賴的是生產健康的卵（也就是書）。其他的活動當然也重要，但沒有什麼活動會重要到能讓我為了處理而不顧書的品質。

4. 還是難以確定你的「女王蜂角色」，覺得它可能是一些活動，而不是一個活動嗎？我提供一個可以一決勝負的簡單方法——打電話給你的頂尖客戶，問問他們：「對你們來說，我們所做的一切，哪件事情帶來的影響最大？」舉例來說，假設你不確定自己的「女王蜂角色」是銷售提案，還是創作內容或收集資料，那就打電話給幾個你的頂尖顧客，問問他們。他們看重你公司的那個部分，就是你打造聲譽的立基。雖然我不能代表他們發言，不過以這個例子而言，我認為你為客戶們創造的內容，會為他們帶來最多價值。所以，內容創作就是「女王蜂角色」。銷售提案和資料收集雖然也很重要，不過，比起內容創作，它們都位居其次。

第二階段

整合

起初，介紹亞馬遜公司（Amazon）的文章，都圍繞在某個傢伙身上；他決定搬到華盛頓州柏衛市（Bellevue, Washington），開一家線上書店。上頭的照片讓我記憶猶新：傑夫．貝佐斯（Jeff Bezos）在自家車庫（兼臨時寄貨中心）裡，忙著用電腦處理事情。提到創業家為了實現夢想而費力工作，他可是最佳案例。早期，在這個後來很快就成為全球最大書籍零售商的公司裡，貝佐斯要進貨書籍、追蹤庫存、處理訂單、更新公司網站，還要應付客訴。

貝佐斯還有個遠大夢想，一個偉人的願景。我想那個願景應該是稱霸世界，因為他差不多辦到了。或者，他的遠大夢想搞不好是做一件人世所無（out of this world）的創舉，而他也用自己（像極了陰莖的）火箭辦到了[1]。好，我們想像一下：如果當初他還是繼續在自己的車庫裡親

1　譯注：作者以out of this world這個片語一語雙關，除了代表「這個世界（地球）之外」的字面原意，還有原本片語所指的「極佳、非常了不起」的意思。同時，只佐斯的火箭外型的確像極了男性勃起的陰莖，作者也以此開了個玩笑。

自寄出所有的書，想藉此實現自己的願景，實現自己「一定說到做到的承諾」，那麼，如今亞馬遜公司會在哪裡？

貝佐斯為了實現自己的願景，放棄消耗心神的單調粗活，讓他的團隊處理日常運作事宜。可惜的是，許多企業主從來都沒有做出這個關鍵的改變。它們或許對自己的企業也胸懷大志、對他們的企業有著遠大願景，可是，他們卻不讓開、繼續擋路，導致夢想無法成真。他們不改變，因此他們的公司也不會改變。他們不是在經營公司；而是在公司**裡**忙得團團轉。

在第二個自動發條化的階段裡，你會開始把校準階段得到的清楚認知，整合進你日常的企業營運中。既然你已經曉得自己的頂尖客戶、你為其提供的「一定說到做到的承諾」，以及確保承諾實現的「女王蜂角色」，你就可以開始下一個步驟：擺脫賣力工作的創業家角色，換上會幫你帶領公司邁向偉大未來的職務：股東。

第 5 章

保護與滿足「女王蜂角色」

團隊該如何合作，才能確保企業的主要功能，
發揮到最佳狀態？

薩凡納（Savannah）的Mrs. Wilkes' Dining Room餐廳，可說提供了全喬治亞州最棒的家庭式南方料理。是全世界最棒的也說不定。要看薩凡納香蕉隊晚上的棒球賽之前，那家餐廳是個好去處。一九四三年，賽瑪．威爾克斯（Sema Wilkes）接手這家薩凡納市區裡歷史悠久的民宿時，目標就是要做出這個地區最棒的南方料理。這間餐廳，感覺起來好像是二十幾個全世界最棒的祖母級廚師，快手料理出她們最喜歡的家庭晚餐菜餚，不過，她們可不是隨隨便便把這些菜放到餐桌上，而是騎著小摩托車，把菜送到這家傳說中的薩凡納餐廳。那裡的食物，就是這麼讚。

假如硬要餐廳老闆回答的話，我敢保證，他們會說他們「一定說到做到的承諾」，就是「有如到祖母家吃飯的用餐經驗」。毫無疑問，他們的「女王蜂角色」（**最能**實現那個承諾的活動），就是烹調出優質的食物。餐廳的服務人員渾身散發出南方的好客態度。餐廳雖然樸實簡單，卻乾淨到纖塵不染。用餐氣氛非常適合家庭；你最好作好心理準備，因為你一定會遇到跟你同坐十人大桌一起用餐的陌生人。還有，飯後，你要拿著自己的盤子到廚房給人員們清洗。食物讚，服務佳，吃得開心快樂。儘管這一切都是要在餐飲業打滾的必備條件，不過，你因為自己「一定說到做到的承諾」，而顯得更突出（以這個例子而言，就是「有如在祖母家用餐」）。如果食物不精良，餐廳就像是賣個噱頭而已。如果食物教人失望的話，就是沒有實現「一定說到做到的承諾」。

你的「女王蜂角色」一定要以最佳的方式運作，才能實現「一定說到做到的承諾」。「才能」一詞是連結了前因後果的環節。你確立完「一定說到做到的承諾」與「女王蜂角色」之後，要很快地測試一下這個「才能」的環節，確保前後兩者的連結。對我來說，我「寫作出書」**才能**「簡化創業」。威爾克斯太太「製備最棒的食物」**才能**「讓食物吃起來像祖母的料理」。執行你的「女王蜂角色」，**才能**實現你「一定說到做到的承諾」。

餐廳的整個團隊都忠於他們的「女王蜂角色」、為其效力，效果自然不言而喻。這家餐廳一般候位時間為一個半到兩個小時。餐廳開業前幾個小時就有人開始排隊，而且不是只有節日或放長假才這樣，是天天如此。

他們團隊的目標就是保護並滿足「女王蜂角色」，而你的團隊也得如此。每位員工都各司一職，直接或間接保護與滿足「女王蜂角色」。廚房裡的廚師和團隊，採買當地最棒也最新鮮的食材，烹調得當，用這種方式直接滿足「女王蜂角色」。他們的「主要工作」就是為「女王蜂角色」效力。團隊的其餘人員則司保護「女王蜂角色」之職。例如，服務團隊的「主要工作」，就是確保每個顧客都享有美好又平順的用餐經驗。不過，他們確保食物在最適溫度時上餐，也是保護了「女王蜂角色」（烹調出最美味的食物）。客人就座**之前**，桌上就有食物，而且為了餐食的保溫與保鮮，輪換速度也快。如果某一桌的食物上得慢，另一個團隊成員就會加入支援。所有的成員都知道他們以什麼出名。他們的工作，就是確保絕佳的食物品質。

賽瑪・威爾克斯於二〇〇一年去世。現在由她的孫女經營這家餐廳；她與當地的農夫維繫穩固的關係，讓餐廳一定有品質最佳的食材。賽瑪的孫女明白，他們企業成功的關鍵是滿足「女王蜂角色」，而不是靠著她的祖母。雖然只有認識賽瑪、愛賽瑪的人會想念她，不過，餐廳的「女王蜂角色」經久不衰。如果廚房的食物製備工作需要幫手，服務團隊其中一人會立刻接下那個工作。整個團隊都會協助準備工作，而且一旦有任何問題，所有人都會提出意見。雞肉是不是有一點柴？就算有一道菜只是稍稍未達祖母的完美標準，團隊也會立刻跟廚房回報那個意見。雖然幾乎沒發生過這樣的情況，但這還是有可能的，他們的團隊知道食物的品質（也就是「女王蜂角色」）最重要。而它之所以最重要，是因為它會實現他們「一定說到做到的承諾」。

你要把「女王蜂角色」視如生命般地加以保護與滿足，因為它會讓你兌現「一定說到做到的承諾」，把你的企業變成顧客「必去」之處，就像威爾克斯的餐廳之於吃貨們一般。

就這樣。那就是主要的目標。那就是會讓你的企業飛快達成組織效率的關鍵要素。

在本章裡，你會開始把校準階段所完成的工作，「整合」到日常運作上。你將學會如何確立每一名團隊成員的「主要工作」，同時了解滿足「女王蜂角色」與為個別「主要工作」效力，兩者有何區別。這樣的清楚認知，在你開始評估每個團隊成員的時間安排時，至關重要。

「女王蜂角色」VS「主要工作」

現在，你已經知道保護與滿足「女王蜂角色」是你團隊的主要目標。沒有例外。唯有「女王蜂角色」好好的，員工們才能專注在他們的「主要工作」。

你的員工們偶爾可能會搞不清楚，「女王蜂角色」和他們的「主要工作」有何差別。得了吧，你可能有時候也會被搞糊塗哪。這兩者間的區別，十分重要，因為，即便人人都保護著「女王蜂角色」，但那卻不一定是每個員工的主要功能。我們來好好解釋清楚，細說分明。

你已經曉得，「女王蜂角色」，顧名思義就是女王蜂的角色。蜂群的主要目標（「一定說到做到的承諾」）就是生存，而最能確保生存的關鍵活動就是產卵。你只能有一個**最**重要的活動，而那個活動就是你的「女王蜂角色」。讀者們告訴我，造成混淆的一大重點是，他們聽到「女王蜂」就心想：「嘿，我就是這公司的女王蜂啊，所以，如果是最重要的活動，那做的人就非我莫屬了。」聽好了，我的意思不是你就是這麼想的；我沒那個意思。話說回來，萬一**你認識的人**有這種想法，那我要老實告訴你，這種想法：一，是錯的；二，錯把你的自尊當重點——我是說，**他們的**自尊。當我被自尊牽著鼻子走時也曾經那樣，所以，你要接受、放下、繼續前行。

沒錯，「女王蜂角色」是可以直接出一個人滿足，只不過，那意味著你的公司就靠著這麼一號人物。我想你應該很清楚那是什麼感覺，也應該知道當大小事都命懸一人時會怎麼樣。我肯定不希望那個人生病哪！或需要很長的午休時間什麼的。就連蜂巢裡的蜜蜂都不會只靠一隻女王蜂。女王蜂的封號雖然很了不起，但她得努力生出一大堆卵。有些雄蜂的職責是「弒殺女君」（用來當樂團團名還真不賴！），如果女王蜂沒有產下足夠的卵，他們可是會起義弒君的啊。聽起來真殘忍，不是嗎？**如果「女王蜂角色」滿足得不夠完全，他們會殺了女王蜂**。同樣的道理，假如女王蜂的後代懶惰、挨餓，或是無法生育——喀嚓！女王蜂也要死。因此，重點不是女王蜂本身，而是**角色**。

有的狀況是，團隊以為只有一人能當女王蜂。我承認，就這方面，我的譬喻並不恰當。「女王蜂角色」聽起來是很像一個人的工作沒錯，然而，直接滿足「女王蜂角色」的人可以有很多個。事實上，也不一定只是一些人。可以是一整個部門、機器人或是系統。再說一次，「女王蜂角色」不是人，是活動。

美式足球就是一個簡單的例子，要說的話，任何其他的球類運動也都算。我們假設「一定說到做到的承諾」是拿到球季冠軍好了。別忘了，像薩凡納香蕉棒球隊或哈林籃球隊（Harlem Globetrotters）這類的球隊，有不同的「一定說到做到的承諾」：家庭樂趣和娛樂活動。不過，在這個例子上，我們選擇承諾要拿到球季冠軍吧。那麼，「女王蜂角色」就是得分累積高於對手的活動。在這種情況下，就是把球傳進得分區或射進門柱。

美式足球隊裡，直接滿足「女王蜂角色」的個體球員如下：

- 中鋒：第一個碰到球而且（幾乎一定）把球傳給四分衛的球員。
- 四分衛：接著把球傳給另一名球員或帶著球跑向得分區的球員。
- 另一個可能接到或是拿到傳給他的球之後，帶球跑向得分區的球員。
- 踢球手：試圖將球射進門柱的球員。
- 偶爾會（透過攔截、掉球、安全得分）在他們各自得分區完成進攻的防守球員。

球隊裡其他球員的工作，就是誘敵、阻攻，或者干擾另一隊的進攻，不讓他們把球往前傳。在決定要用哪一種進攻打法將球往前傳的時候，就會先確定直接為「女王蜂角色」效力的人是誰了。

球員們不直接為「女王蜂角色」效力時，就是在做他們的「主要工作」——意思是按照每位球員的「例行」活動來看，他們自己最重要的工作。在隊友用胯下傳球的方式把球傳給四分衛之前，四分衛在做的，就是跟團隊溝通打法變化的「主要工作」。中鋒為「女王蜂角色」效力時，從地上將球一把拿起，傳給四分衛，之後，他就回歸到自己的「主要工作」上——阻攻。接球員的「主要工作」是以事先規劃好的特定路線跑動，目的無非是混淆敵隊的防守或讓自己有空間可以接球。一接到球，就換他們來滿足「女王蜂角色」了。

因為四分衛會滿足「女王蜂角色」，所以，他們是球場上最重要的球員——然而，只有當他們手中有球時才算。接球員要是拿到球，**他們**就成為了球場上最重要的球員。

死忠的美式足球迷還曾經提醒我，就連觀眾本身都是支援「女王蜂角色」的配角。主場的球迷在進攻前、中、後都可能大聲鼓譟喧嘩，企圖干擾敵隊的溝通，進而支援他們球隊的「女王蜂角色」。這是喝太多酒可能有用的極少數情況之一。另一個喝太多酒大吵大鬧可能有用的例子，就是當你岳母（婆婆）來訪時說她要在你家多住一天的情況囉。

再說一次，「女王蜂角色」絕對不是某個人。一定是某個組織內部最重要的活動。所有的員工都必須知道「女王蜂角色」。有些員工全時直接為「女王蜂角色」效力。有的則是兼做滿足「女王蜂角色」的工作。有的只會偶一為之。當這些人要為「女王蜂角色」效力時，他們就是團隊中最重要的人物，為了讓他們可以滿足「女王蜂角色」，所有人都必須替他們「阻攻」才行。

唯有團隊成員受到邀集，為公司的「女王蜂角色」直接效力時，他們的「主要工作」才退居次要。線衛們的「主要工作」是阻攻對手，讓帶球的球員可以達陣。在美式足球裡，要是帶球跑的球員掉球的話，線衛們無論如何都要撲到球上。既然得分是「女王蜂角色」，那他們唯一可以實現女王蜂角色的方式就是保持控球權。你可能看過這種完全混亂的情況：球掉了，接

圖表5：「女王蜂角色」／「一定說到做到的承諾」範例

公司	由誰滿足「女王蜂角色」	「女王蜂角色」	「一定說到做到的承諾」
美式足球隊的攻擊線	把球往前傳的球員（們）	得分才能……的行動	贏得足夠的比賽打進冠軍賽
美式足球隊的防守線	阻止球往前傳的球員（們）	阻擋或不讓敵隊往前傳球、奪回控球權才能……的行動	贏得足夠的比賽打進冠軍賽
我（名叫麥克的作家）	寫書的人（們）	要寫書才能……	簡化創業
聯邦快遞	處理包裹流的系統	管理物流，才能……	準時送達包裹
Zappos	客服部門	提供客服，才能……	給人快樂的感受
亞馬遜	網站	有無縫的線上電子商務，才能……	提供最方便的購物經驗
熟食店1	採購食材的人（們）	提供最相配的食材，才能……	做出最美味的三明治
熟食店2	維護食材的人（們）	提供最新鮮的食材，才能……	做出最新鮮的三明治
熟食店3	組合三明治的人員（們）	用最有效率的方式組合三明治，才能……	提供最快速的服務

著一堆人疊在上面，同時還手忙腳亂地搶球。他們全都立刻回到為「女王蜂角色」效力的角色。

為了進一步說明清楚這個道理，我製作了一張表格提供各位讀者參考。表格可真討喜，不是嗎？還記得吧，「一定說到做到的承諾」是你答應客戶要為其兌現的最重要的事。「女王蜂角色」則是為了實現「一定說到做到的承諾」，最重要的那個活動。任何一個人的「主要工作」，則是在工作範圍內，他們所滿足的最重要功能。

「女王蜂角色」是你組織的心臟。有些人（和／或資源）的「主要工作」是直接為「女王蜂角色」效力。有些人的主要工作是從旁輔助，滿足「女王蜂角色」和公司其他的功能。

你公司的「女王蜂角色」和你團隊中的所有「主要工作」，你都必須知道。同時，人人都得知道，當「女王蜂角色」受到危害時，自己要怎麼介入，為其效力。每逢感恩節到新年的這段期間，聯邦快遞就會碰到這種情況。寄送物品的需求暴升；由於平常的司機趕不上寄貨需求急劇增加的速度，公司的「女王蜂角色」就遭逢困難。因此，「主要工作」是管理的經理們，會走出辦公室，坐上卡車，幫忙送件。物流（該公司的「女王蜂角色」）有難時，他們會直接為其效力，加以滿足。

◆

崔佛・魯德（Trevor Rood）在自己的Foghorn Designs設計公司施行自動發條系統，四年過後，公司的年收入從三十萬美元成長到一百萬美元以上。他卸下直接滿足「女王蜂角色」的工作，把自己原本試圖獨攬的所有差事，幾乎都交棒出去了。他不再一週工作七天、每天工作十二個小時。然後，疫情出現，重創了他的品牌行銷公司。

「二〇二〇年二月，我們每月的收入為六萬美元」，崔佛這麼告訴我。「接下來，三月時，變二萬七千美元。到了四月，我們的收入降為三千二百美元。」

他的客戶們關門大吉，不再訂做招牌、網版印刷產品，或是品牌營造所需的繡製物品。客戶們沒有製作這些東西的理由是——全世界都停擺了。所幸，他把在《獲利優先》一書中學會的原理，應用在自己的企業上，做出改變，安然度過了這場暴風雨。夏天結束前，他們每個月進帳五萬美元。問題是，他不再擁有相同的團隊。也就是說，崔佛又重攬了一些工作——他得專心為「女王蜂角色」效力，同時還要接手疫情前屬於員工們的「主要工作」。

好消息是，他有過卸除這些差事的經驗，他知道自己有能力再做一次。他會如此肯定，是因為自己已經有過規畫並使企業自動運作的經驗。一旦自動發條化之後，就會一直保持下去。或者，最起碼一定可以再次自動發條化。

「現在，想找到好的人才很不容易，不過，我倒樂觀以對。我的系統已經就緒。我知道自己該有的評估標準」，他解釋道。「疫情來的時候，我差不多再兩個月就要休第一次的四週長假。我不得不取消。可是，既然我們之前曾經做到那個程度，就可以再辦到一次。」

崔佛的新目標，是跟家人一起造訪全美總共六十三座的國家公園。他需要很多放下公務的時間，才能實現這個目標。他會辦到的。他很肯定。

在本章裡，你已經學會方法，協助你的員工確認他們的「主要工作」，並區分滿足「主要工作」與為「女王蜂角色」效力，兩者有何差異。這是整合階段的關鍵第一步，因為，如此他們才會有清楚的認知與脈絡，面對傾力專注的方式與對象時，方可做出緊要判斷。

當你自動發條化自己的企業，就會因此得到自信，有把握能夠安然度過任何風暴。你或許得重新回頭、去做某個工作一段時間，不過，到頭來，你會有辦法再度抽身，做自己熱愛的事，擔當你身為公司股東需要執行的任務。

寫給員工：柯拉的故事

柯拉在賈伯特福公司待了兩個月之後，已經弄清了自己的「主要工作」：裝設可供棲息的景觀造景。這並不意味著那是她唯一的差事。她的職責很多。她已經開始操作部分機器，而且如今，她已經會操縱公司用來搬運材料的鏟裝機（把這想成迷你型的堆土機即可）。她還直接參與裝設管道與地基的工作。柯拉必須處理這一切的差事，不過，她的「主要工作」是確保裝設的景觀造景可供棲息。她時時刻刻都以那個工作為重。每當她發現自己的「主要工作」受到危及，就會出面處置。碰上她無法自己解決的情況時，她會立刻通知工地主任出了什麼問題。

柯拉和她的團隊成員們一方面專注在自己的「主要工作」上，一方面也時時刻刻留意「女王蜂角色」。如果環境受到負面的影響（也就是「與自然協調一致的戶外生活空間」這個「一定說到做到的承諾」面臨危機時），她就得立即上報，啟動新的測試。如果影響到「女王蜂角色」的東西需要馬上處理或立刻進行測試的話，那麼，她跟其他所有人一樣，就得當場下令，即刻停工。要是「女王蜂角色」失靈（測試不了），那麼，就得利用有能力的可用資源，加以恢復。一刻都不能等。

在定義上，你做的事情裡，只有一件堪為「最重要」的事。那就是你的「主要工作」。這並不意味著其他的事就不重要了。事實上，你做的很多事**都**很重要。「主要工作」是在你的工作範圍裡**最**重要的那一件事。就算大難臨頭，你還是繼續專注在你的主要工作——只要沒危及「女王蜂角色」就好。倘若「女王蜂角色」陷入危機，只剩直接介入為其效力的選項，同時你又具備滿足「女王蜂角色」的能力，那麼，你就可以放手去做。如果「女王蜂角色」失靈，有能力讓它恢復最佳效率的人已經著手處理中，也不需要你的協助，那麼，就繼續做你負責的事吧。

你能幫上什麼忙呢？跟你的主管一起，清楚地判定出你的「主要工作」為何。再說一次，這並非你唯一的差事，而是在你的工作職掌範圍內最重要的那件事。還有，你要了解公司的「女王蜂角色」，如此一來才能加以保護，必要時為其效力。或許（希望這種情況永遠不要發生，但這是有可能的），你會被叫去為「女王蜂角色」效力呢。

自動發條系統實務

整合階段的下一步，是協助你的團隊確認他們該如何滿足「女王蜂角色」，還有，假如他們不直接為其效力的話，那他們的主要工作為何。

以下是前一章便利貼推導法的變形，有助於你和你的團隊找出他們的「主要工作」：

1. 要求每一位團隊成員寫下他們隨便哪天都要做的前六種差事，一件差事寫在一張便利貼上。舉例來說，如果是接待人員，六樣差事可能包含接電話、回覆語音信箱、接待顧客、處理郵件和包裹、安排預約還有受付款項。

2. 看一看這些便利貼，要求每一位團隊成員判定自己是直接滿足「女王蜂角色」的人，還是擔當哪裡需要就得快速介入的保護職務。

a. 既然你已經確立公司的「女王蜂角色」，就會比較容易看出哪位團隊成員擔當直接為其效力的任務。假如沒有符合這種條件的任務，那麼，他們的任務就是在需要的時候保護「女王蜂角色」。

3. 接下來，為了確立團隊成員們的「主要工作」，請他們拿掉自己的工作任務中對公司最不重要的其中三項。然後用同樣的條件，再拿掉一張便利貼，接著再拿掉一張。剩下的任務就是他們（確立出來）的「主要工作」，也就是標準不能被降低的工作——只有在保護「女王蜂角色」的情況下例外。

a. 公司的領導階層，一定要確保員工自己判定並確立的「主要工作」符合公司的預期。有時候，個別的員工會找到不精確的「主要工作」。碰到這種情況時，領導階層就需要解釋他們眼裡的「主要工作」是什麼，同時判斷那位團隊成員不這麼認為的原因何在。

4. 最後，假如企業內部已經先確立某個職位的「主要工作」，那麼，領導階層只要說明其內容即可。但這個推導演練還是一個有用的工具，員工一步步進行完後，可以理解他們工作內容中的不同職責，如何一起發揮效用。

第 6 章

追蹤記錄工時

揭露效率低的真相、哪些工作沒必要，
以及讓一切事半功倍的方法。

創業人士都是天生的自己動手來能人。我們從頭開始打造自己的企業時，什麼都自己做，因為我們**必須**什麼都做。一來，我們請不起其他員工；二來，我們在此一階段還有時間獨攬一切大小事。大部分的差事，我們通常也沒那麼擅長（就算我們說服自己相信，很多時候我們都做得很好），不過，事情還算做得夠好就是了。雖然在企業草創時，我們必須承攬許多角色，這點不無道理，但是，這既不健康也無法長久維持。最後，儘管這麼做會增加財務壓力[1]，我們還是踏出聘人的第一步，而由於我們沒辦法跟上什麼事都要自己做的荒唐步調，這麼做讓我們多少感覺鬆了口氣。然而，這種猶如短跑衝刺的步調，實際上卻沒有消失。就算我們聘請了人員（員工或分包商）來協助，卻還是時常落得「做」一大堆工作（更正，是**更多**工作）的下場，因為，我們是最關鍵的角色。

規劃會自行運作的企業，是辦得到的。事實上，不只是辦得到，還相當可行。要成功實現這個目標，你就必須改變：從**生產執行**（**Doing**）的角色，轉而將越來越多的時間，投注於**規劃設計**（**Designing**）你企業的營運流程。在本章裡，你會更明白，自己和你的團隊怎麼利用你的時間。有了這樣的認識後，你就會具備所需的資料，能完全整合你在校準階段領悟的知識。

經營自動發條化企業的4D

所有的公司，工作內容都包含四個部分。也就是4D——生產執行（Doing）、判斷決策（Deciding）、委派授權（Delegating）以及規劃設計（Designing）。雖然在你企業的進化過程中，這幾種活動，你全部都會參與，不過涉入程度有別，而且，儘管你的企業一定會包含4D的組合，但我們的目的是要讓你這位企業主，「生產執行」的工作少為、「規劃設計」的工作多做——也就是要你做股東該做的事。

從「生產執行」轉為「規劃設計」，並不是換換妝髮般的那種改變。這種轉換也不是突然的改變，而是節流閥的概念。你要逐步完成。你會慢慢地變得越來越像個規劃設計的人，而且，沒有終點。

1. **生產執行**：這些是生產力的活動，也就是服務客戶、維持運作所需的必要工作。這些

1 作者注：對小型企業主而言，僱請人員的財務兩難是非常讓人困擾的。聘請一個員工，你可能就得裁減自己原本就少得可憐的薪酬。所以，我們會一直拖到付得起員工薪水時才聘人，但我們卻永遠也達不到那個地步。我們進退維谷，身陷兩難。要更努力工作又辦不到，要聘人又負擔不起。我曾經在《獲利優先》一書中提過解決辦法，也錄過教大家如何安然度過這種情況的影片。影片可在clockwork.life網站上看到。

工作你熟得很，做得也（夠）不錯。你還是一人公司的個人企業家時，什麼都親力親為是必要的。幾乎所有的新創公司都是這樣開始的，而且，大部分也都永遠卡在這個階段。在美國將近三千兩百萬個小型企業中，就有大約兩千六百萬個，連一名員工都沒有。換句話說，老闆什麼事都要自己來。

2. **判斷決策**：這是下決策同時指派任務給別人的過程。不管是全職或兼職的員工，自由接案的人還是承包商，其實都不過是執行任務的傢伙。這是因為你做的是下決策的工作。他們則試著執行你給他們的差事，他們會來找你問問題、尋求你的同意、要你解決問題，還有幫助他們想出點子。假如他們手上的任務出現任何意外，就會來徵求你的決定。他們完成任務後，不是閒閒地坐著，就是問你：「我現在該做什麼？」

大多數的創業人士會錯把「判斷決策」當成「委派授權」。假如你將一份任務指派給別人，卻得回答問題，事情才能完成，那你就不是在「委派授權」——而是為那些人做「判斷決策」的工作。擁有兩到三名員工的企業主，往往都被困在這個活動上：大部分的時間都耗費在「判斷決策」。雖然你的員工們執行工作，但企業主的「差事」卻變成要不斷分心回答他們提出的一連串問題。最後情況會糟糕到你搞不好還會無奈地投降，決定「回到之前的狀況」，想著回到什麼工作都自己來還「輕鬆一點的時期」。過不了多久，你又會被「生產執行」的工作壓得喘不過氣，然後再聘人，接著又重回「判斷決策」階段的無奈沮喪之中。只要你的企業還存在的一天，你就不斷地在「自己做事」與「替小貓幾隻的員工決定東決定西」之間，改來改去。

3. **委派授權**：你在這個活動中，指定某位員工要有某種成果，**同時**讓他們有自主能力決定任務執行的方式，實現你要的成果。員工對成果的實現要負起全責。他完全獨立。你花在「委派授權」的時間變多，就會覺得自己的工作量減少，不過，你的方式要對，才會有這種感覺。由於你的目標是把決策的責任從你身上轉移到員工身上，因此，一開始的時候，你一**定要**對員工承擔成果的行為（**不是**實現成果的效率）加以獎勵。如果他們因為做了不佳或錯誤的決策而遭受懲罰的話[2]，你就只是在訓練他們回頭找你為他們做決定而已。你過去也曾做過不好的決定；你就是這樣才成長的啊。他們會做出不好的決定，如此他們才會成長。「委派授權」階段對創業人士來說可能極為難熬，因為我們什麼事情都（自以為）做得很完美；要是員工事事都沒有達到我們（自以為）完美的標準，我們就會很氣餒。如果你真的希望你的企業能成功自行運作的話，就一定要擺脫這種完美心態。

2 作者注：決策不佳的問題見仁見智。我曾經因為別人所做的決定與我不同，就判定對方做出了壞的決定。然而，那並不表示那是不好的決定。目標是實現成果，而如何實現目標的決定可能有別。請盡量把重點放在成果和實現的效率上。

4. **規劃設計**：在這個活動中，你要著手規劃公司不斷進化的願景，同時針對願景的實現，擬定企業營運流程的行動計畫。當你的團隊能應付其他的3D，你的企業就會自行運作了。一旦你進入「規劃設計」的模式，不只擺脫了單調的日常苦差事，還有可能體會到工作帶來的最大快樂。你職位晉升了；你要做的是用數字管理公司，解決營運流程的問題，確保大小事都與你的願景相符。當你專心一意地負責「規劃設計」，不再需要執行的時候，你就是在監督工作（看你要監督到什麼程度），只做你想要的事。話說回來，可別誤將「規劃設計」不可或缺的深層思考當成簡單的差事唷。公司（和老闆）要變健康、富有又通曉事理，靠的就是這個活兒。各位弟兄姊妹還有非二元性別人士啊，這才是美好的人生呢。

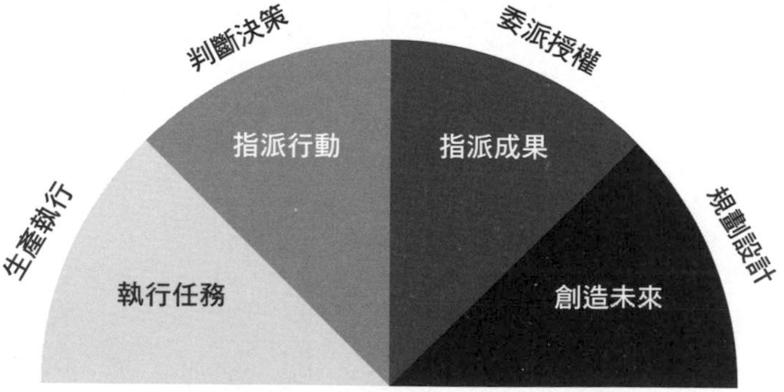

圖表6：工作的四種類別

做事，只會讓你原地踏步

我還是很難抗拒「乾脆什麼事都自己來」的衝動[3]。我身為創業人已經將近三十年，過去我都會預期「什麼事都自己來」。我是「認真的」創業家啊。為了讓我的企業成長，「什麼事」我都願意做。還有，因為我（在某種程度上）成功了，所以，我把那樣的成功，一大半都歸功於自己「努力不懈」的職業道德上。就算我有將近三十位員工的團隊，卻還是熬夜加班，大部分的工作都親力親為，還要嚴密監督其餘的差事，因為「絕對沒有人有辦法做只有我能做的事」，而且「沒有人比我更在乎」。當時我真的好希望我的員工們會「長進」、「做事像個老闆一樣」。然而並沒有。他們只是不斷用連珠炮似的問題煩我。你們有發現這一段有一堆引號嗎？這是因為我大部分的感覺，不過是對外宣傳的謊話而已，我之前也講過了，這完全是胡說八道。

再說一次：身為企業領導人，你的時間最好花在**規劃設計**的工作上，而不是用來投入**生產執行**。我所謂的「規劃設計工作」指的是什麼？讓我們再用美式足球來比喻吧。（霍奇隊加油！）這個比喻跟球隊老闆、教練還有球員有關。

3 作者注：自從我開始每年休四週的長假之後，什麼事都自己來的衝動就大幅減低了。把握這個基本原則，企業才會自行運作。你會在第11章裡讀到做法。還有，讀完這本書之前，你就一定要訂好休假的時間。

球員們被賦予了自主能力，在球場上得以瞬間下決定；教練打造比賽策略，發號施令；球隊老闆規劃球隊。老闆規劃球團的願景、挑選管理球隊的教練（們），然後就遠遠地觀察球隊怎麼執行比賽策略。這對外人來說可能有點難懂。看起來好像是一個在玻璃貴賓室裡吃著小熱狗的有錢老傢伙。然而，事情遠比你看到的還要複雜。球隊老闆要把球團的方方面面都做到最好：球隊、贊助協議、門票銷售與追加銷售、行銷、預算……等等。老闆就是股東。

要規劃設計，你的思考要提前好幾步。你步步為營。你會評估機會，衡量風險。你的每一步都對嗎？當然不是。但你會衡量自己每一步棋的後果，在走下一步棋時做出相應的調整。要當公司的規劃設計者，你就必須離開球場，走上貴賓室。你一定要按著審慎的步伐，做出深思熟慮後的重大決定。而且，你一定得讓公司實現那些計畫。不過，少吃那些小熱狗就是了。那種食物向來有害無益。

所有的創業家一開始都是執行者，因為我們擅長的就是做事。當你困在那個階段，問題就來了，而且種種「生產執行」的差事，讓你與心中想要打造的企業願景漸行漸遠。「規劃設計」的工作你已經很熟了。這是你剛開始創業時熱愛的事——為自己的工作打造出一個願景，思考自己能採取什麼大膽、重要又有助於計畫成功的舉措。這麼說來，這也是你具備第一手知識、懂得怎麼做方能立竿見影的工作——也就是指導營運流程。

當你在工作時大多都處於「規劃設計」模式下，你的公司就會達到絕對的效率，公司的規模彈性（scalability）也會最大。身為規劃設計者，你在做的，就是為公司付出自己最棒的東西：你的天賦，以及讓一切從無到有的才幹。同時你也不必再參與日常的營運，這麼一來，你的企業才能在沒有你的情況下運作，也就是說，它也可以在沒有你的情況下**成長**。你的目標是規劃企業的營運流程，引導它邁向成長的方向，要是碰到流程不對勁的狀況，再做出策略性的決定，加以解決、改變和／或改善。

就算我們深諳「規劃設計」工作的重要性，大多數的人，還是會把太多時間用在「生產執行」上。我們不僅會在還沒委派授權的一人公司創業家身上看到這個現象，團隊領導人亦是如此——無論團隊規模是五人、五十人還是五百人。企業主、經理人或高階管理團隊，跟所有的一人公司創業家一樣，都可能受困於「生產執行」的工作裡，抽不了身。

一份二〇〇九年德國杜賓根（Tübingen）的馬克斯普朗克生物模控學研究所（Max Planck Institute for Biological Cybernetics）的研究結果確定，沒有地標（而且又沒有太陽當作指引）的人若想走出森林或沙漠，往往會原地兜圈。他們原地兜圈的範圍不過六十六英尺，卻以為自己走的是筆直的直線。那就好像蒙起雙眼，想抄捷徑越過美式足球球場，但卻永遠無法從其中一條邊線走到另一條邊線那樣。

研究人員認為，我們在缺乏明確的距離與方向標記的情況下，會一直不斷地微調自己心目中的直線路徑，可是那些微調會偏向一邊。我們對何謂直線的概念不斷改變，就會讓我們兜著圈走。我們繞著繞著，最後就死了，但其實我們大可直直走，就能輕易走出森林（與叢生的雜草）。

如果你有個明確的地標，或者，你算好運，身上還帶著指南針或GPS的話，就可以克服這種傾向前行。這個明確而遙遠的地標讓我們得以不斷重新校準方向，保持直線。即便出現了障礙物，我們也可以先避開、繞開或是逃開，接著再次發現自己的地標，藉以修正我們的路徑。

一個企業，若是沒有好好花時間決定何去何從、找出抵達目的地的方法，同時找到能提供最筆直路徑的地標，那麼，就會注定無止境地繞圈圈。逃脫生存陷阱，是一種持續不斷的奮鬥。企業主和團隊月復一月、年復一年地苦幹，希望能往前邁進，然而，倘若沒有明確的方向感，等到自己繞了一圈回到原地，就會氣餒無奈又意外不已。

繞著圈圈走最糟糕的是什麼呢？我們不相信自己在繞圈，就連看到證據都不信。在這份德國研究人員的研究裡，一組受試者被投放到德國中部的一座森林裡，另一組則是被放到撒哈拉沙漠。身上都配有GPS追蹤器的他們，只要遵循簡單的指示就好：直直地走幾個小時。看得到太陽或月亮時，受試者們都會按著還算筆直的路徑走。只不過，如果白天雲層密布或晚上沒有月光的話，他們就會立刻回復繞圈的模式。更糟糕的是，地形使方向變得更混亂，造成了通道效應（channeling effect）。沒有地標，人們無法走直線；一旦出現混亂，人們往往會因此又完全改變方向。

打造企業，若只想靠著「生產執行」而不去「規劃設計」，就如同蒙著雙眼要走出濃密的森林一樣。你注定會兜著圈走，而且，碰上重大的障礙物，還會偏離路徑。要安然度過能讓企業茁壯的險境，就得靠著把目光放遠的規劃設計者，不拘泥於眼前直接不斷迎來的挑戰與機會，而是標出一條路徑，朝著公司的長程願景邁進。你就是那個規劃設計者。沒錯，儘管你已經跟自己一度曾有的願景斷了連結，就算你覺得過去十年來自己的創造力已不復見，即便你懷疑自己是不是真的具備能駕馭自己公司航向繁盛新彼岸的能力——你都是「規劃設計」工作的最佳人選。你辦得到的，船長！

委派授權的難題

你一開始想擴大企業規模，很快就會碰上「判斷決策」的階段。這過程簡單得很——聘僱人員，然後告訴他們要做什麼。如果想讓他們在沒有你出意見的情況下做事呢？就沒那麼簡單了。而且，這問題是我們自找的。我的團隊每次一有問題，就回頭找我提供決定，合情合理。他們是新的員工，需要學習正確的做事方法——也就是我的方法。既然如此，我就提供他們所需的答案，指派他們去做事。何況，每次他們有了只有我能回答的問題時，我的自尊就跟著膨脹，滿足了我想感覺到自己很重要的那種需求。我只是跟你們實話實說而已。你們也得誠實面對自己：知道其他人不知道的事，真是讓人自信大增，感覺輕飄飄的。

我以為回答每個人的問題，應該是一種短暫的必要。他們正學習著吃這行飯的工具，我認為提問理應越來越少。不過，奇怪得很，他們的提問倒不減反增。我一直沒意識到自己在教導他們一定得找我要答案才行，等我恍然大悟卻已經太遲了。

領導者往往在無意間促長了新進員工那種「我決定，你來做」的行為。這一切都從你認為「這實在是有切片麵包以來最棒的點子了」的那一刻開始[4]。你找了虛擬助理，顧問或專職、兼差的員工。新員工上班的第一天，只有一個人比他們更興奮也更迫不及待——那個人就是你。開始那幾天，你心想：「這個新進員工，她幫忙分擔了好多工作。我為什麼不早點聘人呢？她實在太好啦。」

這個菜鳥會問一大堆問題，但你覺得那是預料之中。事實上，那正是你想要的人：一個學習者。她還在問應該已經要知道答案的問題。這是怎麼回事？然後，又過了幾個禮拜或幾個月，那塊「新麵包」，完全變成讓你分心的存在。她的問題沒有問完的一天。你被迫放下自己的工作，不斷地為她效勞。就在那個節骨眼上，你才明白，這種「新麵包」是吃起來很難吃的無麩質麵包。你懂的，嚼起來的彈性跟水泥差不多，還帶著濃濃的厚紙板風味。接下來，深埋在你心裡的念頭又浮上檯面了：「什麼事都自己來還容易一點。」

當你對你的員工們有問必答，就會被動態思考跟決策搞得身心枯竭。同時你也會干擾他們的學習。我想，各位一開始學習開車的時候，想必也是透過實際開車，才能真的搞懂怎麼開吧。沒錯，你坐在教室裡上完了六小時的駕訓課程，學到右邊的踏板是油門，左邊的踏板是煞車。但就算學了這些，實際開車時，你還是很有可能油門或煞車踩太猛。我敢說，你在學駕駛車輛時，也曾經因為太緊張，撞過一、二……很多個三角錐吧。

學習（真正的學習），在於實作。你非得親身經歷，才能深印腦海。我們的員工們非得經歷決策過程，決策過程才能深印**他們的**腦海。你聘人做事，就是為了減少自己的工作量。但諷刺的是，假如你允許自己為他們做所有的決定，那你的工作會增加，而他們不會繼續成長。假如你想要你的團隊向前推進自己的工作，那你就不能再幫他們駕駛了。（有沒有發現我一語雙關？）

必須監督我的團隊這件事，沒有減少我的工時。實際上，我的工作還變多，因為我得因為他們而不斷地離開自己該做的事。等我回到自己的工作上，我就又得再調整一次，恢復自己的工作狀況——你們大家都很清楚，這得花時間才行。決策者的角色讓我分心，搞得**我**超級沒效率。而員工們等著輪到自己向我提問時，他們的工作也會暫停。他們真的就**停止**採取任何動

4 譯注：原文為better than sliced bread。來自慣用語Greatest thing since sliced bread，意指長久以來最棒的新鮮事。

作，直到我下指導棋為止。我的工作停了，他們的工作也停了！想在做自己事的同時監督團隊，就如同想在打一封信的**同時**用手寫下指令一樣。你試試看。你辦不到的。[5]

這個經驗，讓我深信自己必須減少更多工作才行，所以，我又聘了另一個人。然後再聘了一個人。接著再一個。就這樣，直到我不僅在幫整個團隊做決定，還要想辦法在晚上、週末還有清晨破曉時做自己的工作為止。公司變得更沒有效率，因為所有的人都在等著我做決定。我沒有一把取來自己擁有的最強大資源（也就是員工們的大腦）並加以好好利用，反而讓全部人一起靠著我的大腦。還有個額外好處呢：那些人的薪水，榨乾了我的銀行帳戶。

我決定回到先前見效的模式——靠我自己。我辭退了所有的員工，回到把**我的**事做好的情況。我以為那樣會比較容易一些。我美化了單打獨鬥的創業家的概念，把「搞定事情」刻劃成一種浪漫。我根本是異想天開；就像忘了什麼事都自己來是什麼狀況一樣。於是這個循環又重來一次。在「生產執行」和「判斷決策」之間變來變去的情況，比你想像的更常見。那就是為何大部分企業的團隊成員就只有幾個人，而不會再增加的原因。

回答員工們的問題，讓我得把工作放一邊；做我自己的工作，則讓我的員工被晾在一邊等我回答。根據《關於預測的可操作便捷指標》（*Actionable Agile Metrics for Predictability*）作者丹尼爾・S・瓦坎蒂（Daniel S. Vacanti）的說法，專案的生命期當中，85%的時間就是用在因事或因人的排隊等候。等待的時間不僅沒有效率，還教人身心俱疲。如果我們可以減少等待的時間，就可以促進成長——同時還能換來精神正常。

許多只有幾個員工的企業，卡在這場等待的遊戲裡進退不得，同時在「生產執行」和「判斷決策」的活動之間改來變去。企業主一開始從「我得全部包辦」，接著變成「我得聘人來做」。然後，等到發現他們的工作量並未減少，自己壓力更大，又比以前更缺錢的時候，到頭來就會心想：「每個人都無能，我要把所有人都炒魷魚，乾脆自己做算了」——這個念頭最卻又帶他們回到「噢，老天啊，我不能再繼續這樣下去，我非得僱人不可」的狀況，接著又回過頭來想：「地球上的人都這麼無知嗎？」

不是的，你身邊的人並不是無知。差得遠了。他們只不過需要**你**別再做「生產執行」與「判斷決策」的工作，而是開始「委派授權」——不只授權行動而已，也要授權決定。而且是真正要這麼做。讀者們，假如你是員工，我想你現在八成點頭如搗蒜，同意得不得了吧。如果你是企業主，我猜你現在感到不可置信，搖頭否定吧。這就是我們需要解決的溝通缺乏問題，就從股東永久釋出部分決策行動下手。

要是你的團隊能全心全意為公司的產出貢獻，而不只是完成工作任務，那會怎麼樣呢？這可是能夠翻天覆地的，不是嗎？首先要從你對委派授權概念的認同開始。問問你自己：假如我

5 作者注：如果你想證明我說的是錯的，請寄自己打字與寫字雙管齊下的影片給我。我很想看看。

的團隊成員被賦予做決定的自主能力，同時，我相信他們一貫所做的決定會延續我的企業，讓我的企業成長，那麼，我的生活會不會輕鬆一點？假如員工們的行為表現就像老闆一樣，我的生活會不會比較輕鬆？

答案只有一個：「麥克，當然會啊！我的生活會棒呆了！」

當**你**期待的成果就是**他們**期待的成果，你就會比較容易放手讓你的團隊**做他們的工作**。這麼做不會有事的。這麼做甚至還會比較好。你要當個委派授權的機器。你要當個委派授權的箇中能手，像歐普拉（Oprah Winfrey）一樣對著大家興奮宣布：「你有個案子！你也有個案子！**你們人人**都有個案子！」[6]

假如你想把週六的時間留給自己，還想拯救自己的靈魂，**同時**又想擴充自己企業的規模，那麼，你就一定要相當清楚自己目前處在4D的哪個階段。你究竟會不會完全放下「生產執行」的工作呢？也許不會——但話說回來，你以後的工作量只會是目前的一小部分，而且還會轉而只做自己熱愛的差事。

你可以把決定所有大小事這個階段踢到一旁了。你不會完全放下「判斷決策」的工作，不過，隨著你委派授權的對象能越來越自在地自行做決定，你就會放下小決策，轉而只做最關鍵的重大決策。至於「委派授權」的工作，由於你的企業會進化、會改變，所以你也得花點時間繼續委派授權，直到你找到一個負責委派授權的人為止——這個人的「主要工作」，就是持續不斷地讓團隊有自主能力做出實務上的決定，同時在你埋首於「規劃設計」工作時，提供保護。各位要注意一點：這不是從某個階段突然變到另一個階段的切換，而是像節流閥一樣調整比例。你的目標是把**大部分**工時，用於控制工作的流程與規劃公司的未來。假如你希望自己的企業能像自動發條般運作的話，必得運用大部分的心力，好好當個規劃設計者。

4D組合的目標佔比

如果你的體重只有五十磅，那減掉一百磅就不會是個好的設定目標。假如你想改善自己的身形或企業，或任何其他的事物，都需要知道自己此刻的狀況，以及企圖要達成的目標。了解你的理想目標**以及**起點，才會有清楚明確的認知。這就是我們要透過此一步驟為你的企業達成的。我們要測定你和你的團隊在4D組合（「生產執行」、「判斷決策」、「委派授權」以及「規劃設計」）的每一個活動上花多少時間，接著把佔比調整到最佳狀態。

世界上的每一個組織（連同你的企業在內）都在執行這個4D組合。無論你的企業是一人公司、十萬人公司，或公司人數介於這兩者間的任何數字，這點都成立。還有，這一點在你

6 譯注：美國知名節目主持人歐普拉在節目上的招牌動作就是對著所有觀眾宣布節目贈送的獎品！而且人人有獎！

公司裡的每一個人身上也都成立。上至執行董事會成員、下至實習生，從高階管理人到實務工作者——人人都在執行4D組合。

你組織裡的每一個人都在進行他們的4D組合，只不過你可能（還）沒有刻意指導而已。有些人可能持續不斷地做著「生產執行」的工作。有的人可能在為其他人應該做什麼而提供「判斷決策」，同時還一邊做著十人份的「生產執行」類工作，一邊用剩下的幾秒時間想「規劃設計」出一套高瞻遠矚的策略。聽起來很熟悉吧？

把每一個人的4D工作全部加起來，就得到你企業的4D組合。假如你的企業就只有你這位一人公司創業家的話，那麼，你自己的4D組合**就是**公司的4D組合。如果公司有多名員工以及其他的團隊成員，那麼，每一

圖表7：理想狀態下的4D組合

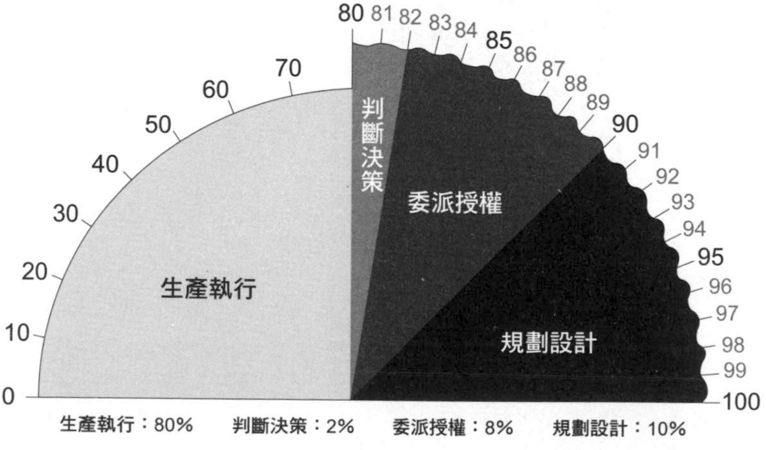

注：為了讓這張圖表更易讀，圖中並不包含平衡過後的增加量。

個人貢獻的4D加總起來就是公司的4D組合。

對大部分的公司來說，理想的4D組合是「生產執行」佔80%、「判斷決策」佔2%、「委派授權」佔8%，還有10%的「規劃設計」。為什麼企業需要把那麼多的時間投注在「生產執行」上呢？因為企業需要做顧客們想要的事，而且是會創造出市場價值的事；企業就是靠這樣賺錢的。理想的4D組合裡，其他的20%則分散在企業的管理與指導。你要規劃自己的公司，使其自行運作，就需要精確掌控這個組合。簡而言之，你需要知道你公司的4D組合與理想的4D組合有何差異，然後，運用自動發條系統，持續不斷地改善你的企業，達到最佳狀態。

極為重要又有用的捷徑：分析何為理想的4D組合，是一項既耗時又費力的工作。由於企業是不斷變化的，所以，要確立出最理想的那種4D組合，非常困難（搞不好難如登天）。因此，你最需要把焦點放在佔比大的那個部分，也就是80%的「生產執行」工時。你的公司，雖然並沒有把所有的時間都用來服務客戶，但是否大部分的時間的確如此？假設你花在「生產執行」的時間為95%，你就能立刻判定，由於公司只剩5%的時間分配給4D組合中的其他三個，所以，不管是「規劃設計」或其他進行中的工作，都是不足的。假設「生產執行」佔了60%的話，那也意味著你麻煩大了，因為，你的企業沒有花足夠的時間完成要做的事。正因如此，要是你乾脆追蹤記錄花在「生產執行」的時間，而且以80%為目標的話，4D組合中的其他三個往往就能協調得恰到好處。把剩下來的20%盡可能花在「規劃設計」的工作上，那麼，只要你保證會讓員工們有自主權、讓他們為自己的工作負責，「委派授權」跟「判斷決策」通常就會水到渠成了。

工時分析

坐穩了——我可是準備要用一堆數字轟炸你啦。你就跟《綠野仙蹤》（*The Wizard of Oz*）裡的桃樂絲一樣，可能不想用走的穿過森林，抵達翡翠城。她是因為那趟行程很可怕，所以才不想走一遭。你呢，八成是因為這感覺起來很枯燥乏味或讓人無法招架。百分比、百分比、百分比，哎呀我的老天啊！我知道，你們八成不像我一樣是個科技怪咖，聽到分配工作和分析就興奮得不得了。但請看在我的面子上，堅持下去，好嗎？你需要這樣的資訊，才到得了自己想去的地方。（順道一提，我希望你要去的是偉大的奧茲國〔land of Oz〕，而不是經濟大蕭條時期那又乾旱又頻頻有沙塵暴的堪薩斯州。對了，桃樂絲**究竟**為什麼想回去啊？）[7]

現在，你要追蹤記錄你平常的工作週（五天，呃，七天），根據你的記錄，了解未來的正確方向。假如你想省去處理數字資料的麻煩，請上clockwork.life，取得免費的工時分析系統。它會幫你把所有的數學算好。

1. 度過例行的一天時，寫下日期、自己要做的活動以及起始時間。接著，著手進行那項活動。每當活動轉換（任何活動都包含在內，例如同事問了讓你分心的問題、在社群軟體看著看著無法自拔，或是又臨時被叫去當救火隊），你就得很快地記下當前任務的結束時間（就算任務還未完成也沒關係；只是當下結束的意思）。然後，寫下新活動（好比回答同事的問題）以及新活動的起始時間。再來，一完成那個活動後，就要填寫完成的時間。隨後的下一個任務，也如法炮製。整天都要重複追蹤記錄。所有的活動都要算進去，連「休息時間」的活動也要算，例如玩社群軟體玩到無法自拔的情況。

2. 一天的工作結束後，確認所有的口期欄位都有填到。把一天的總計時間算出來，接著準備一張明天要用的新記錄表。

3. 重複這麼做一個禮拜。如果你想試試進階版的話，就重複這麼做兩個禮拜。請注意：針對一段典型的期間進行記錄，得到的分析資料會準很多。所以，不要收集非典型工作週的數據資料。

4. 既然你已經知道理想狀態的４Ｄ組合，我們就來比較看看你跟最佳化的４Ｄ工時分布

7 譯注：綠野仙蹤的故事主軸。女主角桃樂絲希望求助奧茲巫師，讓她順利回到家鄉堪薩斯州。

吧。雖然最後你需要評估的是整個團隊利用自己時間的方式，不過，因為目前在讀這本書的人是你，而且滿足「女王蜂角色」的人可能也是你，我們就先來分析你的工時組合。假如你是一人企業，那你即團隊，團隊即你。

5. 審核每一個記錄下來的任務，在旁邊註記其屬性歸類——生產執行、判斷決策、委派授權或規劃設計。
6. 如果你不確定怎麼歸類某項活動的話，就選所有可能類別中佔比理當最低的那一類。舉例來說，假設有一個活動既可算「規劃設計」，也可當成「委派授權」，那麼，就選「委派授權」。
7. 把用在每一個類別的時間加總，除以記錄表上的總計時間，得出你的4D組合百分比。例如：如果你每週工作八十個小時，而「生產執行」的總計時間為七十三小時，「判斷決策」的總計時間為五小時，「委派授權」的時間為零小時，而「規劃設計」的時間為兩小時的話，

圖表8：工時分析記錄表

日期	活動	開始時間	結束時間	時間小計	工作類別
					生產執行｜判斷決策｜委派授權｜規劃設計
					生產執行｜判斷決策｜委派授權｜規劃設計
					生產執行｜判斷決策｜委派授權｜規劃設計
					生產執行｜判斷決策｜委派授權｜規劃設計
					生產執行｜判斷決策｜委派授權｜規劃設計
					生產執行｜判斷決策｜委派授權｜規劃設計
總計時間	生產執行：____	判斷決策：____	委派授權：____	規劃設計：____	

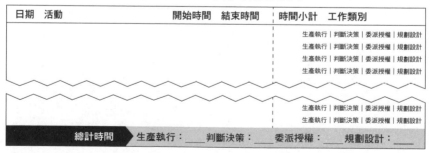

得出的百分比會是：

a. 生產執行：91.25%（73個小時除以80個小時）
b. 判斷決策：6.25%（5個小時除以80個小時）
c. 委派授權：0.0%（0個小時除以80個小時）
d. 規劃設計：2.5%（2個小時除以80個小時）

8. 這個分析會顯示，個人（也就是你）花了多少時間在4D組合的各個類別上。分析每一個團隊成員的情況，你就會擁有他們怎麼利用自己時間的清楚全貌。將每個人的分析數據全部加起來，就能明白你整個公司的時間是怎麼利用的了。

雖然每一種工作類別都不可或缺，但很多企業都處於不平衡的情況。我們待會再來看看整個企業的情形，現在，不如先來看看你的狀況吧。你發現了什麼呢？從中有何心得？

許多一人創業家都陷入把自己至少95%的時間都分配到「生產執行」的困境之中。他們活在一個用時間換取金錢的陷阱裡，公司要成長的唯一方式就是透過更多的「生產執行」，只是，因為沒有時間，所以他們也做不到。

我也曾看過一人創業家把自己困在「規劃設計」佔比過重的4D組合裡。將自己40%的時間用於「規劃設計」（這遠超過最理想的10%佔比），有可能表示你是個夢想家，但肯定沒有花足夠的時間做「生產執行」的工作，化夢想為現實。

當然，理想的4D組合對多員工的公司也同樣適用。舉例來說，假設你有兩名員工（自己還是其中一個），你們兩人各自4D組合的平均估比，就是你公司的4D組合估比。因此，假如你的4D組合中，「生產執行」估50%，「判斷決策」和「委派授權」都估0%，「規劃設計」估了50%，而另一位員工的「生產執行」估80%，「判斷決策」估20%，「委派授權」與「規劃設計」都估0%的話，你企業的4D組合就是每一個類別的平均值。

（注：我明白，你一個禮拜可能工作七十小時，員工才工作四十小時，因此你的估比分配應該更重要才是。但那種程度的細節，對結

圖表9：4D組合

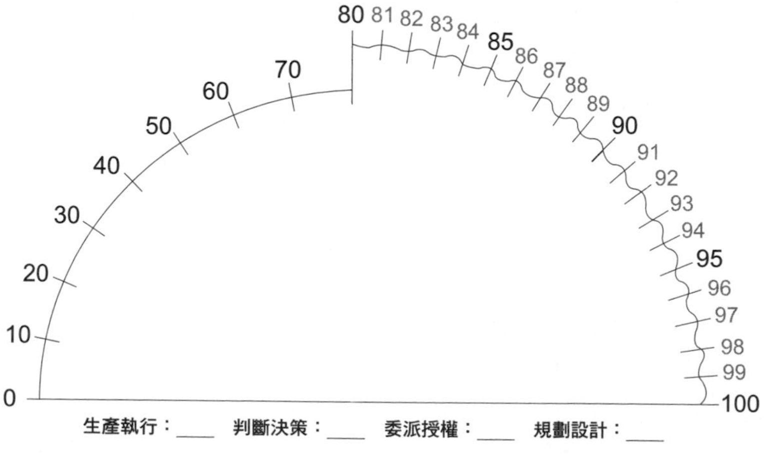

注：為了讓這張圖表更易讀，圖中並不包含平衡過後的增加量。

果的影響不人，所以我們還是別那樣斤斤計較。何況，我們的目標是大幅降低你七十小時的工時，記得吧？）

在這個例子上，該公司的４Ｄ組合佔比分配為「生產執行」佔65％（50％和80％的平均），「判斷決策」佔10％（０％和20％的平均），「委派授權」佔０％（０％和０％的平均），「規劃設計」則佔了25％（50％和０％的平均）。也就是說，這家企業的組合為65／10／０／25。跟理想的４Ｄ組合佔比分配80／２／８／10一比，我們就可以看出我們需要大幅提升「生產執行」的工作（完成任務），同時減少幫別人「判斷決策」的工作（也許我們把這類工作外包給虛擬助理，還有，他們也太需要別人給予指導了吧）。該公司沒有「委派授權」的工作，我們則希望有８％的時間用來培植其他員工具備推動成果的的自主能力。這兩人平均花了25％的時間為企業「規劃設計」（願景與未來），這也過多（應該10％左右即可）。

如果你擁有一家大型公司，有為數幾十、幾百或幾千的員工，照樣可以幫所有的人這麼分析。只不過，你要用部門或執掌為分類，以小組的方式分析。舉例而言，假設你有兩百名員工，而你的會計部門有十個人。叫會計部門裡的每位員工都做４Ｄ組合的分析。然後，算出部門的平均值。這麼一來，你就會有會計部門的４Ｄ組合佔比分配了。其他部門也比照辦理。接著，為每一個部門製作一張圖表。把所有部門的４Ｄ組合加總起來，便能得知你公司的４Ｄ組合佔比情況。

為了寫這本書，我透過視訊會議訪談了亞曼達・邦德（Amanda Bond）；當時的她正在喝椰子水——而且是在墨西哥的卡門海灘（Playa del Carmen）上捧著椰子喝。她四周都是八成也在視訊開會的其他數位游牧創業家，看起來，她好像剛走到沙灘上接我的電話。

亞曼達的公司利用社群媒體廣告為客戶打造自動化的現金流。實施自動發條系統之前[8]，大部分的工作都由她親力親為。後來她創建了線上課程，教導大家怎麼自己做，而且還運用她所教授的方法販賣那些課程。這完全是最有效的可用策略！也就是說，她將自己的商業模式自動發條化的同時，也自動發條化了自己的企業。

亞曼達做完工時分析後，發現自己一直以來都花了**太多**時間在規劃設計——這部分的工作佔了驚人的25％。還沒開始這個分析步驟之前，她都是用「倉促硬趕」的方式經營自己的企業，直到最後，她終於累垮。規劃設計的時間是她的「幻想時間」，也是她非常需要的休息時間。即便如此，經過九個月的過度規劃設計後，她還是沒有新的計畫可以示眾。

「我就像在玩『扮』企業的遊戲一樣」，她這麼跟我說。「我把自己所有的時間都拿來思考、想點子，但卻沒有人在執行這些點子。」

亞曼達必須回頭多做「生產執行」的工作，如此一來才能產出結果，最終，她才可以一步步達到理想的4D組合。雖然我們有時候會矯枉過正，但這就是「工時分析」之所以有用的地方。我們可以看到自己需要轉而從事哪類的工作，重回原先設定的軌道，往目標邁進。

任何企業，都能像自動發條一樣運作

那麼，如果你是個有創意的創業家，或者，你具備了自己的企業仰賴的獨特技能，又該怎麼從「生產執行」轉做「規劃設計」呢？我常常被問到這個問題，而問我的大多是醫師、律師、表演家，或其他具備高技能的人士。重要的是，我們別忘了，「生產執行」、「判斷決策」甚至「委派授權」這類工作，會維繫你的企業；但「規劃設計」的工作，會**提升**你的企業。舉個例子吧，就算你處在一個跟繪畫一樣既專精又獨立的產業，還是可以當自己企業的規劃設計者。不信嗎？我讓彼得來解釋給你們聽。

十七世紀的德國藝術家彼得・萊利爵士（Sir Peter Lely），雖然不一定是把自己的藝術系統化的第一人，卻可說是史上第一位將自己的公司經營得像運轉順暢的咕咕鐘的藝術家。（這是我刻意為了跟黑森林地區的所有木雕家讀者們打招呼才鋪的梗喔——好吧，只有「讀者」，沒有「們」。）[9]當時，萊利以時興的巴洛克式風格作畫。遷居倫敦後，他很快地成為最熱門的肖像畫藝術家，之後又當上皇室的「首席畫師」。他最著名的就是掛在溫莎城堡裡一系列十幅的宮廷仕女肖像——「溫莎美人」（*Windsor Beauties*）。

---

8 作者注：她同時也完成了 Run Like Clockwork 的訓練課程。欲知細節，請上 runlikeclockwork.com。

9 譯注：德國黑森林地區是咕咕鐘的發祥地。

由於萊利的藝術作品炙手可熱，他開了一間工作室，訓練其他的畫家幫他完成自己的畫作。這個傢伙不是只有幾個助手而已；他有一整套大型運作系統，能讓他做自己聞名遐邇的事、他最擅長的事：畫人臉。肖像畫其餘的部分則由他的助理完成。顧客想要像「溫莎美人」那樣的神奇名作，其實為的都是畫中的人臉。不過，假如萊利要完整畫完每一幅肖像畫，連人物的衣著與周遭景物都包含在內的話，他就要把自己大部分的時間用來畫不屬於自己天賦擅長的東西。他的才華就是描繪生動的人臉。如果他繼續只做「生產執行」、「規劃設計」還有「委派授權」的事，那他唯一可以放大事業規模的方式，就是更努力、花更多時間工作。

因此，萊利立刻開始了「規劃設計」的階段（另一方面，他倒也從來沒有放棄其他的階段），他畫下各式姿勢的草圖，同時一一編號。他經常使用相同的衣著圖樣和一樣的道具。每當他完成人物的臉之後，他的首席藝術家就會指派藝術家團隊的某一人，使用一個指定的編號姿勢當樣板，完成那幅畫剩下的部分。萊利是對號繪畫的教父。[10]

萊利的生意迅速發展，因為，他實現了客戶們最想要的東西：由萊利詮釋他們的臉。至於其餘的東西（場景、衣著的顏色、使用的道具），都沒有那麼重要。而且，由於萊利能專心在他的「生產執行」任務上，只畫人物的臉，「委派授權」其餘的工作，他才有辦法在一生中產出數千幅畫作，而他同期的畫家若能完成數百幅作品就算萬幸了。

下次你要是還敢說「我的企業沒辦法精簡化，提高效率」或者「我得做所有的工作」這種話，停下來想一想。你在欺騙自己。你的企業可以靠自己運作。如果幾百年前的老派畫家都能辨得到，那現在的你肯定能辨得到。

過去好長一段時間，我接受不了在自己的企業裡，有別人具備做核心工作的能力，或者，要真能如願的話，別人能把**所有的**工作都做了。我的敵人就是我的自尊。我深信自己是最聰明的人——起碼講到我的企業，我是。然而，當我的朋友麥克．阿谷利亞羅（Mike Agugliaro）告訴我他和他的合夥人做了一個什麼樣的簡單改變之後，我全改觀了。

麥克和他的事業合夥人羅伯．札多蒂（Rob Zadotti），把當初只有兩人開著一台破卡車四處忙竄的水管公司，變身成價值三千萬的居家修繕企業。麥克是怎麼從「生產執行」轉做「規劃設計」，打造出世界級的企業呢（而且該公司在二〇一七年夏天已經被收購，套句羅伯的話，「人家還是立刻掏出一筆數目大得離譜的現金喔」）？他們之所以成功，就是換了一個問題問。當時，他們問的問題不再是「我要如何完成水管管路系統的工作？」，而是「**誰**要來完成水管管路系統的工作？」只是換了一個問題，就開始帶出讓他們變成企業規劃設計者的答案了。若想成為自己企業的規劃設計者，就不能再問「如何」，而必須問「對象」。光這麼一個問題（「**誰**要來完成工作？」），就能讓你開啟一個即將航向「規劃設計」階段的企業應有的視

10 譯注：paint by numbers，又稱為「數字油畫」，作畫者只要按照畫布上的數字，對照顏料號碼，一一填上相符的顏色就可以完成畫作。此處一語雙關，亦有暗指單調乏味之意。

野。

我沒辦法告訴你們，究竟有多少創業家這麼跟我說：「我的企業太獨特了。沒辦法系統化，提升效率。」很遺憾我必須跟那些人實話實說，他們的企業真的沒那麼特別。的確，他們的企業具備一些對他們而言很特別的東西，然而，其中90％就跟別人的企業沒什麼兩樣。我的企業也好，各位讀者們的企業也罷，都是如此。

世界上只有極少數的企業真有那麼獨一無二。這些企業若真的那麼獨特（而且還因獨特而成功的話），其他人都會加以模仿。那麼，獨特性會就此告終。聽好了，我只是實話實說，別往心裡去。你媽媽講得沒錯，你很特別，你與眾不同，這些都對。我只是想告訴大家，做生意的基本道理對所有的企業來說，都是恆久不變的。既然你現在在讀這本書，那我就假定，最起碼你願意把自尊放一旁，而且想運用自動發條系統，經營自己的企業。

最棒的是，不必下一大堆功夫建立一大堆新系統，就能精簡你的企業，提升效率。事實上，一旦你明白**你已經具備所有的系統**，那麼，精簡化只是一件**簡單**到離譜的事。你的目標，不過就是將這些系統從早已歸檔存放的地方（也就是你的腦子裡）提取出來罷了。在第8章就會教你方法。當你完成了，就可以自由地做自己最擅長的事。無論你的工作為何，都可以把它拆解為步驟，指派別人去做。

萬一你不想放棄太多「生產執行」的工作，因為那就是你熱愛的事，那該怎麼辦呢？果真如此，那當然就做你愛做的事。你的企業應該讓你開心快樂才對。重點是，你**可以**指派出去的工作，超過你的認知。就算你的企業是藝術作品也一樣。

規劃第五個D：休息時間

Run Like Clockwork的公司團隊一直在協助企業主實施自動發條系統。我們組織的負責人愛瑞安．朵莉森發現，我忘了在這本書的前一版裡列出第五個D：休息時間（Downtime）。一份《科學人》（*Scientific American*）雜誌登載的研究顯示，在精神獲得短暫休息的情況下，人會更具生產力。我們根本無法用最佳等級的生產力連續工作八個小時。或者，拿你當例子的話，搞不好是在工作日連續工作整整**十八個小時**。我們的腦力會枯竭。頭腦一旦疲勞，我們就容易分心，或者，我們就會找分心的事來做。逛逛社群媒體取代了抽根菸的小事休息——我們很容易合理化這樣的行為，因為，大家往往都覺得自己「不得不」在這些平台上刷存在感。但是，花時間填答「你是哪一種乳酪」的線上測驗，真的也算有生產力嗎？在我們真的招架不住的情況下，最後就是沒完沒了的逛網路。不然，可能就是用其他不具生產力的方式宣洩精力。

讓「休息時間」成為你工作日的一部分，就可以有意識地加以運用。而當你有意識地運用自己的休息時間，就能坐收滿滿的好處。事實證明，比起在意料之外分心浪費掉的時間，事先規劃好的休息時間，收效更大。而且，當你一直刷社群媒體，發現自己只不過是莫恩斯特（一種乳酪）時，也不會有任何罪惡感。朋友們，狂刷社群媒體並不健康。但事先規劃休息時間，很健康喔。

從1％開始

調整活動分配是很難的事。假如你一直不斷地在做「生產執行」的工作，那麼，減少那一部分以增加「規劃設計」的時間，或許會讓人感覺緣木求魚。既然如此，我們就從小處著手。只要留1％的工作時間給「規劃設計」就好。假設你每個禮拜花四十個小時在「生產執行」上，那麼，1％就是每個禮拜二十四分鐘，取整數算半小時。你如果能用四十個小時做完所有自己該做的事，當然也有辦法在三十九個半小時裡把事情做完。這下子，你就有半個小時的「規劃設計」時間了。

假如一週六十個小時的情況比較接近你的現狀，那麼，取整數的話，就是一個小時的「規劃設計」時間。你甚至不必空出一整個小時（或相當於你一週工時1％的時間）做「規劃設計」的工作。你可以把這個時間，拆成你認為比較好處理的小時段，只要這些時段都是真正有生產力的「規劃設計」時間就好。不過，把連續六十分鐘的「規劃設計時間」切成這兒花幾秒鐘、那兒再花幾秒鐘的情況，不算全神貫注的努力付出，也就不會有什麼幫助。

想要有意識地分配自己的「規劃設計」時間，方法之一，就是在你的行事曆上安排事情，打斷自己「生產執行」的時間。舉例來說，我會到距離辦公室走路要十五分鐘的一家熟食店買午餐。出發前，我會先打電話訂花生果醬三明治，然後再走過去。我會把手機放在後面的口袋，腦子想的則是自己的「規劃設計」工作。在這段來回的途中，我會思考公司碰到的一個難題，想想自己需要運用什麼策略。這麼做的結果是，我刻意騰出了「規劃設計」的時間，也做了點有益健康的體能活動。更棒的是還可以把熟食店的果醬吃進肚子裡呢。真是好棒棒！

即使只有1%的「規劃設計」時間，你也能專注於不斷改善你的4D組合以及其他策略，協助自己將企業精簡化，提升效率。你知道你還能做什麼嗎？你終於可以拿起放在抽屜裡的那個資料夾，想想自己是不是還要實現裡面「終有一天我要如何如何」的點子。你一直想讀的幾篇攸關產業趨勢的文章、花錢買了卻還沒看的訓練影片、還沒記錄下來的「一定說到做到的承諾」（沒錯，我看穿你了）——你可以利用那1%的時間，做一做那些一直沒完成的重要事情。就算一個禮拜只有三十分鐘，你也有了時間，針對自己的企業進行最重要的分析：問問什麼運作得宜，找出方法多做這些上了軌道的事，然後再問問什麼沒有發揮效用，找出方法少做這些白工。

一旦你養成了騰出時間的習慣，就會比較自在地花這些時間——而且是善加利用。你會開始發現，你面對自己企業的態度有了改變，而且，隨著你開始實施自己利用「規劃設計」的時間所想出來的一些點子和策略，你也會發現，自己的企業**當中**也出現了改變。還有，一旦你習慣把「規劃設計」的時間當成應當而必要的時間，你就會嫌不夠，希望再多一些。

◆

凱蒂・凱勒・伍德（Katie Keller Wood）是CMStep的執行長，她們為那些希望取得蒙特梭利教學法（Montessori method）認證的教師，提供訓練與授證課程。這個由義大利醫師兼教育家瑪麗亞・蒙特梭利（Maria Montessori）所研發的教學法，會培養孩童的獨立學習與自主能力。我為了寫這本書而訪問凱蒂的時候，認識了這個教學法。她和她的團隊還在Run Like Clockwork訓練課程的入門階段，而她想跟我分享自己的觀察。

「自動發條系統就像給企業用的蒙特梭利教學法」，她如此說道。「蒙特梭利的老師們會規劃、設計學習的環境，每當規劃設計的結果發揮不了作用時，就要調整。目標是建立學生的自主能力，釋放他們的潛能。我們希望他們可以自由地做選擇，我們會提供他們適當的限制，讓他們不至於行差踏錯，誤了正軌。」

在致力達成理想的4D組合時，你會創造出一個培養團隊成員獨立與自主能力的工作環境。你的工作，就是設好護欄，確保他們朝著對的方向前進，不過，你要讓你的團隊成員們各跑各的比賽。想像一下，如果你有一個既獨立又有自主能力而且能辦事的團隊，能成就什麼樣的大事啊。

凱蒂跟我說：「在老師眼中，最棒的徵兆就是發現孩子們做事的時候，彷彿老師不存在一樣。」對企業主來說，那也是最棒的徵兆。

寫給員工：柯拉的故事

賈伯特福公司利用工時的追蹤記錄，找出改善效率的機會。老闆凱文有這麼一句話：「夥伴們，手上有事在做，也不表示那是你當下該做的事喔。」

柯拉花了六個月學習這份工作的知識和細節後，在經理戈登的要求下，要追蹤記錄自己五天的工時。她拿到了一個輕巧的錄音機，別在自己的皮帶上。她在手機上設定鬧鐘，每半小時響一次。每次一聽到鬧鐘響，她就會對著錄音機說話，報告自己過去的半個小時在做什麼，同時也說出當下的時間。每天結束時，戈登和柯拉會一起聽錄下的內容，寫下觀察記錄，用「生產執行」、「判斷決策」、「委派授權」、「規劃設計」和「休息時間」標示每一項工作活動。柯拉在檢視記錄的時候，原本以為自己花最多時間做的會是「生產執行」的工作，但卻意外發現，自己竟然那麼常停下手邊的工作問戈登問題。大多數時候，戈登只是向柯拉確認她的方向正確而已。柯拉追蹤記錄自己的工時後，才明白自己知道很多事情的答案，而且，應該相信自己的直覺，而不是找戈登批准。這不但讓她騰出了一些自己的時間，也讓戈登多了一點自己的時間。

你能幫上什麼忙呢？完成一份工作任務所需的時間，往往比我們預期的長很多。追蹤記錄工時的用意，在於真正了解自己工作當中不同的部分需要多少時間。這個分析會協助你確立自己的4D組合，做出相應的調整。在下一章裡，同樣的分析會幫你完全卸除部分的工作任務。

工時的追蹤記錄，重點**不是**相互比較。它的目標不是要看看你做事的速度比別人快還是慢。這不是比賽。每個人執行工作任務的速度都不一樣。麥可・菲爾普斯（Michael Phelps）在游泳池裡會讓我吃驚。就算他游狗爬式，還是有辦法在游自由式的我身邊繞著圈游。但菲爾普斯寫商業書籍的速度可能會比我慢。雖然「工時分析」不是用來比較誰快誰慢，但的確能看出你的天賦何在。如果拿我當例子呢？把我放在鍵盤前，應該比放在泳池裡好吧。

追蹤記錄你下個禮拜上班期間的時間運用情況。假如你希望有更精確的全盤了解，那就拉長追蹤記錄的時間。盡可能追蹤記錄一個「典型」的工作週。你可以把時間記錄在一張紙上，或者從clockwork.life下載工作表。

這個活動的目的是讓你追蹤記錄工時，不是要讓你覺得自己好像遭到跟監。除非你有意識地要刻意追蹤記錄第五個D（休息時間），否則，你不需要填進自己的閒置時間或休息時間。在此，我們的目標只不過是要看看你花多少時間執行特定的工作任務。接著，和你的主管一起檢視你的「工時分析」，討論你能怎麼改善你的工作，達到最理想狀態。

請牢記一點：追蹤記錄工時是很有難度的。與其說難在必須付出的努力，不如說是難在將一切都攤在陽光下的程度。結果可能很讓人感到害怕，還會逼著你正視自己是多麼（沒）有能力產生成效的人。話雖如此，知識會帶來力量。不要剝奪自己的這種力量。更好的公司和更好的你，就在另一頭。

自動發條系統實務

1. 該是時候找點時間做「規劃設計」的工作了。在《獲利優先》裡，我懇求讀者們，最起碼一定要將收入的1％留為獲利。即使他們沒有照著書裡任何其他步驟執行，我也知道，留1％當獲利的動作，會完成兩件事：他們會發現把那筆錢留下來是多麼容易的事，而且，他們會學會如何在沒有那筆錢的情況下過活。以這個實務步驟而言，我要你們將自己工時的1％留為專心「規劃設計」你的企業之用。只要1％就好。不管你的待辦事項清單有多長、你的顧客和團隊有多麼難搞，你的企業也不會因為你每個禮拜花一點點時間做有助於企業進步的工作，就存活不了。

假如你是個會過度規劃設計的人（犧牲做事的時間，也要持續不斷規劃和學習的那種人），又算不上是個凡事要做到一百二十分的人，那我們就需要強行實施更快的轉換。在這種情況下，你的「規劃設計」時間要砍半，把多出來的時間分配到「生產執行」的工作上。

2. 接下來的十八個月，你都要在月曆上，騰出這個新分配的每週「規劃設計」時間。你一邊繼續執行，一邊就會像調整節流閥那樣調增（或者調降，但這種情況很罕見）「規劃設計」的時間，不過，目前你我只需要確保一定要長期騰出1％的時間就好。

3. 如同在生意經營上，你需要優先預留獲利的道理一樣，在度過工作週時，你也需要**優先**分配這1％的時間。不要等到一週快結束時才做「規劃設計」的工作，而是把這個時間安排到一個禮拜的開始。假如你在每個禮拜剛開始的時候構思願景，那個禮拜其餘的時間，自然就會用來扶持那個願景，進而讓你更快達成。針對接下來的五個工作天進行自己的「工時分析」，判定你的4D組合吧。

第 7 章

捨棄、移轉、削減或珍藏

提升團隊，讓他們帶來更多成果，
並在過程中，愛上自己的工作。

我們做任何一件事做得越久，未來會持續做的可能性就更大，就算那件事對我們無用，我們還是會繼續做下去。歡迎來到沉沒成本效應（sunk cost effect）。投資人買了他們預期會增值的股票。沒想到，股票跌價，他們不但沒有賣出，還**加碼**投資，以為它會漲得更高。股票再跌之時，他們又加倍投資。

當你花了好幾年打造出一套流程，比起放棄，你更有可能會堅持到底，原因不過就是沉沒成本效應。即便那個流程對你的企業有害，你八成還是會繼續執行。到此為止吧。

既然你已經完成了「工時分析」，就可以致力於實現比較理想的４Ｄ組合，同時透過捨棄（Trash）、移轉（Transfer）、削減（Trim）或珍藏（Treasure）的流程，將實現「一定說到做到的承諾」與效力於「女王蜂角色」這兩件事整合起來。做法簡單極了：你只要看看清單上自己所做的每一件事，如果不是為了「女王蜂角色」而做，對你的「主要工作」也無助益的話，那就捨棄、移轉、削減或珍藏起來。這麼做的目的，不是要犧牲團隊上的其他人、好讓自己的任務輕鬆一些，而在於減少時間與金錢的花費、同時提升成果。

要捨棄、移轉、削減或珍藏什麼？

假如到現在為止，你都還沒搞清楚自己要捨棄、移轉、削減或珍藏什麼的話，那麼那些為你的「女王蜂角色」效力的人（們），八成都花太多時間在做事了——但他們做的偏偏**不是**滿足「女王蜂角色」的事。你的團隊大可保護「女王蜂角色」、做好自己的「主要工作」，可是，大家卻花太多時間做其他的差事。雖然他們的出發點是好的，注意力卻根本不在「女王蜂角色」或「主要工作」上。

利用這個簡單的活動，你和你的團隊就能清楚看出，在保護與滿足「女王蜂角色」以及「主要工作」的執行方面，你們的專注度為何，同時也可以明白你們因其他差事分心的狀況。有了這樣的清楚認知，你就會知道，滿足「女王蜂角色」的人（們）需要將哪些職責交給其他人、哪些差事需要自動化，以及得捨棄哪些任務。

首先，回去看看你為團隊裡的每個人做的「工時分析」表。接著，挑出該分析記錄期間，執行了哪些直接滿足「女王蜂角色」的工作。如果那個團隊成員的工作不是為「女王蜂角色」效力，就挑出他在該期間完成的「主要工作」。把這些挑出來的時間加總起來，跟總工時相互比較。用挑出的時間除以所有的工時，你就會得到百分比了。

要掌握其中的竅門，就先從你自己的分析下手。接著，分析那些應該或已經在為「女王蜂角色」效力的每一個人（你自己可能就是其中一人）。然後再幫剩下的團隊成員們做分析；那些被挑出來的工作就是他們的「主要工作」。這個活動不僅簡單，啟發性也十足。

我在自己的公司執行完這個步驟之後，發現了兩個很可能提升組織效率的機會——一是透過「移轉」，二是透過「捨棄」。「移轉」可能提升組織效率的這個大發現，其實和我行程的處理有關。我的助理艾琳．查佐特（Erin Chazotte）是能完成超多事的人。她是個**生產者**。有時候你不會發現，生產力很高的人，在工作上也有可以改善之處。完成我前一章說明的「工時分析」後，我和艾琳都發現，在一個工作日裡，她要花68%的工作時間，處理我滿到不行的行程：出席活動、Podcast錄製、報告，還有出差旅行。而這些時間，大多都用來跟對方來回討論，找出雙方都能接受的時間。我們這才明白，她可以將一部分這種差事移轉出去——不是交給另一個人，而是交給安排行程的軟體。「工時分析」突破了我的盲點，讓我看到這個問題。由於艾琳是個使命必達、活力滿滿的員工，我原本完全不會曉得，她的日常工作有何無效率之處。利用這種「捨棄」、「移轉」與「削減」的方法，她能騰出時間、專注做更重要的事，為公司帶來更多價值。

跟諸位報告一下，發現「捨棄」可能提升我公司組織效率一事，還真教我難受。我看了自己的「工時分析」後才曉得，我花了很多時間錄製自己的Podcast節目。我要花很多時間準備訪談與內容梗概。為了我的節目，我的團隊花在編輯與推廣工作上的時間甚至更多。嚴格來說，因為Podcast有助於我實現簡化創業這個「一定說到做到的承諾」，所以它是有用的工作項目。但話說回來，我的「女王蜂角色」是寫書出書，因此相較之下，Podcast的重要性居次，同時又會讓我分心。更讓我感到丟臉的是，我的節目還沒有很多聽眾。我敢說你們甚至不曉得我有

Podcast。所以啦，雖然我的自尊會因此受損，但我還是得放棄自己的Podcast節目。

當你採用這個方式分析時，萬一碰到可以移轉的差事，卻沒有可以**交付**的對象，你該怎麼辦？這通常表示你該僱人了。

隨著你將與「女王蜂角色」和「主要工作」較無關的工作移轉出去，你會發現，最先被移轉的，是比較不需要技能的工作。這通常表示，你可以聘僱比較不昂貴的人員、兼職員工、自由工作者、供應商或承包商來做那樣的工作。你的目標，是在自己的企業中擁有一些昂貴而有高度技術能力的團隊成員，讓他們幾乎只專注在最需要技能的工作上，同時，把其他雖然必要但簡單又重複的工作，移轉出技能鏈。那就是一個效率優化的企業。也就是「捨棄」、「移轉」或「削減」的方法會幫你達到的。現在，讓我們在你的企業上動手執行吧。

1. 捨棄。評估並判定你是否可以捨棄某一份工作項目。這份工作項目對企業的任何一個必要目標有無助益？對你的客戶或你的團隊是否帶來可以衡量的附加價值？聽好了，在企業裡，並非所有的東西皆屬必要。事實上，許多一時似乎必要的工作，之後就不需要了，但因為「我們向來都做」，那些事就繼續留了下來。我們要捨棄不必要的事。假如你心意難定，那就不要做那件事，看看一段時間後有無後果。沒有後果=沒有必要。捨棄它吧。

2. 移轉。接下來，想辦法將工作移轉給其他人或交給系統處理，讓你和你的專才人員騰出時間接掌更重大也更具挑戰性的工作任務。把工作移轉給費用最低廉的人力，讓接手這個工作的新負責人（們）有自主能力，可以更有效率地達到預期的成果。

3. 削減。針對你一定要留下來的這些工作內容，評估怎麼加以削減。能否更簡單快速地完成某一項留下來的工作任務呢？能否減少這份工作所需的相關時間和材料？假如有一份差事既不能捨棄、也無法移轉，通常也還是可以加以削減。找出辦法，減少完成一項工作任務所需的時間與成本，但同時又可達到必要的結果。

4. 珍藏。在這本《發條法則》的增訂版裡，我增加了第四個T：珍藏（treasure）。這些是基於你的愛好，以及它們對你而言的重要性，而**應該**留在待辦清單上的幾個工作任務或職責。這些是讓你充滿動力，帶著熱忱活力走進辦公室的工作。我們不想拿快樂換得組織效率。

不要複製自己

小型企業主常常掛在嘴上的一句話是：「我得找個像我一樣的人」。拜託，你不需要啊。你是無可取代的。真要說的話，人人都無可取代。我們每個人都是獨特的組合，由許多部分集結而成：經驗、基因、我們的教育、我們每天做的事。這一切，組合出了人類的經驗和個人特性。你找不到另一個像你一樣的人。至少不會跟你一模一樣。何況，就算你找到了，他們難道不是應該在經營自己的公司嗎？畢竟你就在經營自己的公司啊。

所以，你的目標不是要找出另一個你。你要找的，是組成你的小小部分。我稱這為細分化（fractionalizing）。

假設你相當擅長銷售，做得也非常好。再假設你也可以做會計、管帳、收款。同時，我們還假設你非常不會跟客戶溝通，不管對方是現存的客戶還是可能成為客戶的人都一樣。倒不是因為你沒有這樣的能力，而是你很難找出時間。以上這些聽起來挺符合你的狀況吧？

把工作的方方面面全都組合起來，就是你的能力。要是你經營小型的企業，或小中之小的小型企業（公司只有你一人），你就別想著要（而且你也沒辦法）找自己的複製人。你要想辦法找到自己的組成部分，然後把這些部分集結組合起來。

別再把你的工作，視為一個由所有自己做的差事集結而成的整體。你反而要把你的工作當成個別差事的堆疊，而你只是正好選擇做那些差事罷了。有了這樣的理解後，你就能選擇性地「捨棄」、「移轉」、「削減」那些差事。你可以找人（們）來做某件或某幾件差事。不過，他們不必全部都做。

你也必須揚棄一種非常普遍的看法：覺得自己需要全職員工，或者為你公司全心全意付出的人。你可以把工作任務交給現有的員工或新員工，交給兼職或全職員工，交付給承包商或供應商，也可以交給虛擬助理或遠端助理。搞不好可以交給你的母親。也可以交給我的母親。（我媽媽八十七歲了，她「開玩笑地說」要幫我的園藝師爾尼〔Ernie〕打電話聯絡顧客、安排工作時間。爾尼忙到沒時間面試我媽啦。）

我要說的重點在此：你不需要（甚至不想要）立刻放掉自己手上所有的差事。不過，你比誰都還清楚，自己需要拿掉一件事。那就從你不喜歡的小事開始下手。移除一件差事吧。這麼一來，你會對自己停止做事的能力建立信心。接著，將另一件事移轉出去，然後再移轉一件。捨棄所有人都不需要做的事。把事情分成部分來做。先細分化你自己之後，再以相應的方式「捨棄」、「移轉」與「削減」。

如果你是滿足「女王蜂角色」的人

那麼，萬一你看起來真的是唯一一個滿足「女王蜂角色」的人，該怎麼辦？你怎麼能從自己的企業抽身？又要怎麼「捨棄」、「移轉」或是「削減」呢？這時的目標很簡單——叫別人滿足「女王蜂角色」。

有時候，你得放掉自己滿足「女王蜂角色」的職務。在活力醫療水療暨整形手術中心

（Vitality Med Spa and Plastic Surgery Center）裡，負責整合最先進的手術療程（他們的「女王蜂角色」），以便讓病人身心都年輕、強健又健康（他們「一定說到做到的承諾」）的人是老闆。這似乎再清楚不過了，卻又好像並非如此。客戶們決心要做的都是重大的療程，例如減重治療、整形手術、施打肉毒，還有，你們也知道的，一些對外保密的私密療程。其中部分療程的複雜度很高，所以手術的完美，妥協不得。在這間中心，一切開發創新手術療程的工作，都由創辦人莫妮克・希克斯（Monique Hicks）親力親為。她無法再用這種方式擴大企業的規模，而且實在是身心俱疲。於是，她用了很多方式，讓自己的團隊有自主能力保護並滿足公司的「女王蜂角色」，其中還包含了一個獨一無二的「訣竅」。我們等等會解釋。

我在二〇一七年的秋天初次見到莫妮克，當時她的成就簡直讓我瞠目結舌。她不但讓活力醫療水療成長為超過三百萬美元的公司，同時還是個單親媽媽，獨力扶養女兒。她跟我談到，開業前三年，唯一一個滿足「女王蜂角色」的人就是自己，是什麼情況。那個時候，她一邊要研究手術療程，一邊還要跟客戶攜手合作，為他們打造完美的一切。一有問題，她就像個超級英雄一樣，「咻」地一聲馬上出現。所有保護與滿足「女王蜂角色」的差事她都做，而且是自己一個人。

莫妮克娓娓說道：「有一天我突然看透了，這個企業，完全只依賴我一個人。顧客們從中感受的，就是我帶進公司的活力與努力。我這才明白，我能有多強，我的企業頂多也就這麼強而已。我的企業在掏空我，而且規模毫無可擴張性。於是，我決定讓我的團隊知道，自己如何滿足我們公司的『女王蜂角色』，同時也告訴他們，我需要他們保護我、為我效力，讓我盡我的職責。」

說給他們知道，很簡單。莫妮克一對一地和每一位員工會談，說明要怎麼為顧客打造客製化的經驗、了解他們個別的需求，並找出最適合他們的手術療程。她採用了每天集會的方式，點出大家的做法，造成了什麼樣大大小小的改善，同時也賦予員工們彼此學習的自主能力。她會讓員工們分享自己最棒的實務經驗。

莫妮克也會表現出對員工執掌範疇的尊重。以前，她疾如風地現身解決問題時，員工偶爾會認為那是干擾。莫妮克對如何保護與滿足「女王蜂角色」有了清楚認知之後，就不再緊急救援，員工們對自己提供的服務也更有自信。這提振了員工們的士氣。一切都變好了——大致如此。

只有一個問題：「女王蜂角色」的工作，還是只有莫妮克一個人在做。員工們不會為她提供進一步改善公司或改善服務的方法，即便他們是提供服務的人。

還記得我稍早提到的那個獨一無二的訣竅嗎？那是莫妮克特別僱用的一個人。「女王蜂角色」是企業的靈魂，所有的員工或多或少都有責任要加以保護與滿足，就算老闆沒能保護與滿足「女王蜂角色」的時候也一樣——而且此時尤其如此。

莫妮克和你我一樣都是人；人皆可能犯錯。她第一個承認，自己不一定都確知要怎麼改善或改變公司提供的服務。她曉得，就算碰到自己不知道可以施做什麼最新的療法的情況，而員工從客戶們那兒聽到了什麼話（例如「我好驚訝，你們竟然不做新的凍脂療法」），也不會跟自己說。員工們出於怯懦，或者不敢相信有「女王蜂角色」比老闆意見更重要的公司存在，所以，他們很難對她大膽倡言。

莫妮克發現溝通管道的不暢通，採取了獨一無二的手段。她聘請了一位絕對不會畏懼自己、「敢說敢言」的人。這個新聘員工負責公司的日常運作，職責之一就是收集團隊成員的「前線意見」，然後，就算有些意見內容讓人聽了不悅，也要坐下來和莫妮克討論。他們公司在提供創新服務方面，有了極大的進展，也因此持續成長壯大。

「麥克，『女王蜂角色』是毫無保留的堅持」，莫妮克向我如此說道。「團隊需要知道這一點，而且以此行事。如果他們既不知道女王蜂角色的奧義，也沒有按照這個道理做事，那就是老闆的錯。他們無法或害怕對我誠實地指出我們缺乏研究應用，不是他們的問題，是我的問題。因此，我決定要立刻加以解決。」

◆

你有權在你的公司做你想做的事。這是危險的事實，但事實就是事實。我們之前就討論過了，這個事實之所以危險，是因為大部分的創業家，會繼續做公司裡的大小事，相信自己想做什麼都可以的自由，就是受命接下一切要做的事。「責任由我承擔」或「想把事情做好，就得自己來」這種老掉牙的話，不僅迂腐，還不適用。「責任」不只可當「責任」解，還包含「問題」的意思，而這個問題，得由系統解決才行。系統必須內建「把事做好」的方法。

如果你去麥當勞，發現你的漢堡肉沒熟的話，聽你客訴、然後免費送你「快樂兒童餐」讓你……嗯……快樂的人，可不是麥當勞的老闆。老闆甚至人不在那兒。責任在店經理身上。至於那個沒熟的漢堡肉呢？你碰過幾次這樣的例子？一次也沒有——因為，系統會確保這種事不會發生。漢堡肉沒熟的例子太少見，要是真的做出生漢堡肉，會變成頭條新聞。

二〇二一年時，《每日郵報》（*Daily Mail*）曾經報導過一名澳洲布里斯本（Brisbane）的男顧客，因為自己點的四盎司牛肉堡送來時「完全是生的」而「嚇壞了」。店家換了新的漢堡，還送他一份免費的蘋果派。麥當勞的老闆不需要十萬火急地趕來解決問題。團隊和一份黏呼呼的派，就把問題處理好了。

也許你想在自己的企業裡工作。你或許想做自己熱愛的事。至於我呢？我熱愛寫作與演講。我真的好愛做這些事。我的企業不需要我演講，因為我們打造了演講的系統。例如，我們不但訓練，而且還授權了幾百名人員以「獲利優先」為題演講。我有幸能受邀參加我最喜歡的大型活動，擔任主講場的演講者，而我們認證的「獲利優先」專家，則負責其他無數個活動，這些大大小小的活動（往往）甚至還同時進行。你可以擁有一個會自行運作的企業，而且還是選擇在那個企業裡工作。你可以做讓自己快樂的事。

因為寫作會讓我快樂，所以我會繼續寫自己的書。還有其他的作者依據我的書，進一步推廣我的概念，撰寫給特定產業看的內容。我以根除創業貧窮為志；一切可得的協助，我都需要。例如，你可以讀一讀蘇珊・瑪利嘉（Susanne Mariga）的《給少數族裔企業的獲利優先》、尚恩・凡戴克（Shawn Van Dyke）的《給承包商的獲利優先》、克莉絲汀・艾拉（Christeen Era）的《給草坪照顧及景觀業務的獲利優先》等等。有專門給牙醫、微型健身房、房產投資客、房地產仲介、治療師、電子商務業、美容沙龍老闆、餐廳與其他各種產業企業主閱讀的「獲利優先」類書籍。

歡迎你在自己的企業裡工作。不過，只能在你的企業不需要你的情況下。訣竅就在這兒。我們得讓企業不仰賴企業主，而且真要說的話，是不能仰賴任何一個人才對。身為企業主（股東），你可以投贊成票，讓自己繼續做能為自己帶來快樂的事，但有個前提：公司的運行狀況與效率，與你沒有必然關係。

寫給員工：柯拉的故事

柯拉相當讚賞賈伯特福公司的一點是：公司裡人人在乎的，不只是她的工作成果，還有她是否樂在其中。每個禮拜，她跟經理戈登一對一會談時，對方總是問她：「妳覺得我們有沒有需要改變什麼，讓工作更棒？」他們的討論內容，有一部分就是辨識有無可以「捨棄」、「削減」或是「移轉」的職責，讓公司得以實現「一定說到做到的承諾」。

工作幾個月之後，柯拉發現了一個或可移轉差事的機會——倒不是把差事交給別人，而是她可以接下那份差事。那份差事所需的必要技能，是雙手的絕佳靈活度、準確的深度知覺（depth perception），以及熟練的手眼協調性。儘管他們很少會用到起重機，但是，每次要操作起重機時，大家都得等戈登來才行。

雖然柯拉真的很喜歡操作鏟裝機的工作，但因為她已經相當熟練了，這份差事也就變得單調乏味。有準備的人，才會碰上機會。柯拉以前是名技術高超的坦克車操作員。坦克車和起重機一樣，都有一隻大型的旋轉架，而且一定要具備雙手的絕佳靈活度、準確的深度知覺以及熟練的手眼協調性才能操作。兩者之間唯一的差別是：操作坦克車是要炸毀東西，而駕駛起重機則是要蓋東西。

她很快地跟戈登談了一下後，這件事就成了：戈登指定柯拉當公司的第二號起重機操作員。柯拉完成了必要的訓練與授證程序，如今也駕著那台可扭可轉的超大機械，蓋起東西。這麼一來，戈登移轉了自己份內工作的一大部分，因而能不受干擾地管理工地。這一切，都是靠著一個看見機會、將工作移轉到自己身上的優秀員工才得以實現。

你能幫上什麼忙呢？做比較多事，不表示做得多。我們的目的是不要為了忙而忙；要做真正重要的事情，而且把這樣的工作最大化。你要有警覺性，保護好自己的時間。假如你覺得自己像個多頭馬車一樣，就要提報。尋求協助。

看看你的「工時分析」，找出對公司無益的差事，和可能干擾你做重要工作的差事。判斷自己需不需要「捨棄」、「移轉」或「削減」自己的部分職責。同時，還要記下你珍藏的工作。如果接手同事的工作可以讓你為公司帶來更大的效率，那就提出移轉的建議。你的老闆會希望你熱愛自己做的事，所以，找出方法，讓自己可以把「主要工作」做得更好，同時對公司也更有貢獻。

自動發條系統實務

1. 該是時候清理一下滿足「女王蜂角色」的人手上的大小差事了。拿掉最簡單和最讓人分散注意力的工作。就算只是拿掉一件事，也可能帶來重大的效果。
2. 想一想你的團隊目前的工作情況。你是不是讓最有技術的員工做著最不需要技術的工作呢？如果是的話，那種方式可讓你虧大了。採取「捨棄」、「移轉」、和「削減」的方法，將工作移給適當的人選。通常你會發現公司大部分的工作，都屬於重複性很高而且不需要什麼技術的工作。一大群實習生或兼職人員，再加上較少（通常薪酬昂貴）的高技術人員，就可以用更快、更好而且更便宜的方式完成更多工作。
3. 一旦你採取行動，確保「女王蜂角色」受到保護也獲得滿足，就該做選擇了。你想當企業的心臟，自己做「女王蜂角色」的工作，還是想當公司的靈魂，找其他人滿足「女王蜂角色」？如果你選擇了後者，就需要再採取另一個簡單的步驟。至於怎麼做呢？我們在下一章裡就會細說分明。

第 8 章

擷取做事方法

為企業的各個環節制定可複製的流程，
並將公司的知識歸檔保存。

辦公室裡迴盪著高分貝的尖細嗓音。「制定做事方法？我連把事做完的時間都沒有了，現在還得創建這個要按照步驟詳細說明的檔案資料？我們才不需要什麼鬼做事方法！事情來我就做。我的人也是有事就做。拜託，我們就是做事方法！」那個放聲大呼的人就是我。當時我掙扎著要不要把一些重覆的差事移轉給我的工讀生做，一時糊塗，脫口說了那些話。雖然我不想承認，但是，無力感一上來時，我的聲音就會變得有點像彼得．布萊迪（Peter Brady）[1]那樣忽高忽低。要是你聽不懂我這個梗的話，麥可（Michael）、卡羅（Carol）和管家艾莉絲（Alice）可是都會很失望的哪。

制定做事方法要花多少時間哪！可不是嗎？至少當時我是這麼想的，你搞不好也有同感。制定出做事方法，讓效力於「女王蜂角色」（或自己的「主要工作」）的任何一個人都可以卸下其他的職務——這種想法，誰招架得住啊。這作法相當耗時。何況，等到完整詳實地記錄好一套做事方法，結果又不適用了，所以這麼做往往是浪費時間。我們得先考慮我們需要達到的成果，然後再想出實現這個目標的一個個順序步驟，接著把這些資料都詳細記錄下來。很快地——不對，更正，過了很久很久、不知經歷多少個夜晚，我們就會有滿滿一整個檔案架的三環資料夾，裡頭盡是公司的各種做事方法：最佳實務、工作流程規範、指揮鏈等。我們的心血、汗水、眼淚、喝咖啡加班、一大早就喝龍舌蘭酒的點點滴滴全都投注在這些資料夾裡了，真的有人用過它們嗎？我是說，除了拿來生火之外，真的有人會用嗎？我可不這麼認為。

以前的我深信，無論這個費工的流程有多痛苦，都是必要的。我過去曾經這麼做過幾十次，但聽好了，從來都沒有成功。但既然其他的方式也沒效，試著制定又一套做事方法而且以失敗收場的我，會秉持著把這個流程「再做一次就好」的心態，想辦法讓自己別氣餒。就這樣，我越來越沮喪，越來越無力。就好像膿瘡。那種只有科幻片（或者某個特別不幸的青少年身上）才有的巨大、噁心的膿瘡。

我還記得自己曾把這一套用在二手書的寄送工作上。當時，我發現二手書具備絕佳的行銷與賺錢商機。為了早點實現我自己的理想4D組合，我決定簡化整套流程，提升效率，這麼一來我才能將這份差事從自己的「生產執行」清單上拿掉。我輕輕鬆鬆地花了四個小時制定出一個逐步的標準作業流程。最終的檔案是一份有十五個步驟的做法，我清楚簡單地交代了每一個步驟，還附上照片與圖解。完成了這份曠世巨作後，我把它交給了我的實習生，由她負責。問題就來了。

首先，那個檔案不夠理想。她一步步照著做，卻發現有我忘記提到的變數，以及我無意間省略的步驟，這讓她不知如何是好。不到幾分鐘，她就帶著疑問回到我的辦公室，這直接把我踢回了「判斷決策」階段。雖然她有雙手可以做事，但她的手臂卻全靠我這個決策者左右。各

1　譯注：一九七〇年代美國知名電視影集《脫線家族》（*The Brady Bunch*）裡的主角。飾演主角的克里斯多福・奈特（Christopher Knight）從童星開始演，在經歷青春期的變聲階段時聲音忽高忽低，沒有正常的音準。

位曉得迦梨（Kali）這位印度的女神嗎？雖然祂有許多隻手臂，但卻只靠一顆頭掌控。

於是，我更新了標準作業流程，解決那些自己沒注意到的問題，卻很快又發現更多自己沒注意到的地方。何況還會出現異常的情況。訂單要求以限時郵件的方式寄出的話怎麼辦？如果是週末下訂的話怎麼辦？老天保佑，顧客可千萬別訂兩本書啊，但萬一真的發生了怎麼辦？我們要分開寄送，還是一起寄？

在此之前，我只是按照自己當下的判斷做合理的決定，但如今我打定主意要把這些變成一份什麼都能處理的文件。為了處理異常的情況，標準作業流程的內容越變越多。我花了更多時間制定標準作業流程。更多的來回修訂增編。沒想到，一切突然都亂套了：美國郵局（US Postal Service）更新了他們的網站。所有詳載於這套標準作業流程裡和寄送流程有關的圖片與步驟，都得重做。混亂之際，亞馬遜公司也更改了**它的**後台系統。**呃**。為了記錄一個簡單的流程，我耗費了無數時日，但這些時間全浪費了。我連做出一個絕對可靠的標準作業流程都辦不到，更別提要為自己的企業制定幾百個做事方法了。這根本不值得。想到要為整個公司制定做事方法，我就覺得（純粹出於好笑）自己還寧願選擇去車輛管理處換發駕照。

我記得有一次跟本書第一版的編輯高席克（Kaushik），在舊的企鵝出版集團辦公室開會的事。當時我們在他的辦公室談事情，我東看西看，注意到他身後書架上一本非常厚的書。那本書絕對有超過一千頁，紙都泛黃了，上頭還積了一層厚厚的灰塵。看起來好像《印第安納瓊斯》（Indiana Jones）電影裡面會出現的東西。搞不好是《聖經》——我是說，像古騰堡（Gutenberg）印刷的第一本。

「那是什麼？」我指著那本書問道。

高席克回頭看了一下。「噢，那本是我們的標準作業流程手冊。」

「你會用嗎？」

「我從來沒讀過。那是上一個用這間辦公室的人留下來的。我覺得他們也從來沒打開過那本手冊」，他答道。「反正我們這兒呢，就是邊做邊學。」

很多公司都是這樣。你花了一大堆時間制定各種標準作業流程，但卻沒人會找來看。就像企鵝出版集團那本滿布灰塵的手冊一樣，會變歷史文物——諷刺的是，團隊還會稱它是「聖經」。

人類就像河流一樣。我們會尋找最沒有阻力的路徑去自己要去的地方。何況，看到你的員工們對你的標準作業流程視若無睹，那肯定就表示你的標準作業流程沒用。每一個組織的目標都應該是時時尋求改善，不斷找尋效率。浪費材料、金錢與時間，被所有企業視為禍源，每家公司必定都會持續不停地處理這些問題。傳統的標準作業流程不再滿足此一目標。

我溝通交流過幾千家創業公司，還在用文件化做事方法的，猶如鳳毛麟角。它們也沒有標準作業流程，起碼不是傳統概念上的那一種。每回我造訪創業家們的辦公室，要求看看他們的操作手冊時，得到的答案通常是，除了封存在某個雲端硬碟或沒人有辦法找到的文件和電子郵件之外，什麼也沒有。

大部分公司做的是在職訓練。按字面解釋就是「帶著這個菜鳥且做且看」。他們教你做什麼，你就做。別人叫你做什麼其他的事，你就做。如果那些指示彼此衝突的話，就盡你所能地兩邊都滿足，然後等下一個人來，也一定要這樣教他。

這種流程聽起來可能很耳熟。說到底，早從史前時代的溝通開始，這種方式就深植人類的結構裡了。由於人們當時還沒有什麼書寫文字，所以，大家在山洞的牆壁上畫圖，圍著營火，說些例如怎麼生營火的故事給彼此聽。

其中一人可能會跟族人說：「呃。敲擊石頭。大石塊會產生大的火花。我有最大顆的石頭，如果你聽得懂我的意思。哈。呃。哈。哈。呃。」這些故事，一個傳一個地傳開，就像我們小時候玩的電話遊戲一樣，原本的內容會變得不一樣。「敲擊石塊」可能會變成「刺擊狐頭」，而那些張三李四王二麻子們可能會到山洞外，用樹枝戳刺動物，回來之後，還是沒人知道怎麼生火。

為了確保「女王蜂角色」進行順利，且你的公司一定能用最理想的４Ｄ組合運作，你就需要將「女王蜂角色」及其周遭的一切大小事都系統化。任何標準操作流程的整體目標，就是要訂出一個產出固定成果的固定流程。不過，因為你還沒有所需的做事方法，因此標準操作流程就很難制定。何況，由於事物會不斷變化，標準操作流程當然就很難維護了。一定有更好的辦法才是——真的有。

你已經有做事方法了

第一步，我要立刻先澄清人家對做事方法最常見的錯誤認知。你可能心想：「我什麼做事方法都沒有啊」，或是「我需要從頭開始制定做事方法才行」。你錯了！大錯特錯！事實上，你早就具備自己企業所需的每一個做事方法了。天殺的每一件事都有。你的一切做事方法都在你和／或員工的腦子裡了。所有你需要授權其他人做的那些差事，早就都由你親力親為。你早就按照著自己腦子裡的流程做事。你根本不需要制定什麼新的做事方法。也不需要耗心費神地汲取自己腦子裡的東西，寫成文件資料。你的目標並不在於制定做事方法，而是**擷取**做事方法——還要簡簡單單地做。這麼做，你就可以把自己對各項差事的知識移交出去，同時讓你的企業像自動發條一樣運作。最棒的一點是，擷取做事方法，人人都辦得到，而且簡單得離譜。

首先，我們先來解決**不**管用的方法，好吧？

想擷取腦子裡的東西，最沒效率的方法，大概就是為了讓別人能看懂所以按照順序一一寫下了吧。這麼做，你會強迫自己放慢速度而且想得太多。將自己目前做的事按照步驟寫在紙上

（或是打在文書處理軟體裡、寫成流程表或任何一種文字文件）不僅慢得要人命，還會有一堆漏掉的步驟。簡而言之，別這麼做。這方法不管用。

那麼，我們再來聊聊簡單又肯定管用的方法。

用邊做邊擷取流程的方式制定流程做事方法，就好太多了。這麼做的美好之處在於，你一邊制定這套讓別人照著做的做事方法，一邊也真的完成了工作。

擷取做事方法的概念是這樣的：你將自己最完善的做事流程，盡可能用最輕鬆簡單的方式，移交給你的團隊，這麼一來，他們以後就可以正確地做事了。簡單地說，就是用目前最管用的方式做，然後邊做邊記錄下來。

擷取做事方法的重點，不只是讓你騰出時間；這麼做還會保證公司上下所有人，必要時都有處理工作的能力。關鍵在於，讓每一個人擷取自己的做事方法，從而教給別人。你最不希望的就是員工離開了，卻沒有傳承自己的知識——為了要有效率地完成工作，會用哪些別人不知道的小撇步和做事捷徑，以及有哪些必須應付的潛在問題和變數。這一切都應該透過「擷取做事方法」的方式，傳承下去。

以某個工作為例，假如擷取該工作流程的是一個員工，而授命做事、或至少在接受實務訓練以備不時之需的人是另一個員工時，學習流程的人，也一定要藉由錄製流程的方式，教別人那套做事方法。你沒讀錯：當前負責那套流程的人，要「擷取做事方法」。利用這種方式，他們不但會記下所學的知識，還進一步證實了人家剛剛教他們的最佳做法。你要是有辦法教，就一定知道做法。教，是最終的學習形式。當他們能正確地擷取流程，就會記下所學的知識，證明自己具備做那份差事的能力。

新創公司的做事方法

假如你的企業是一個前所未見的新型企業，那你大可表示自己沒有任何一套做事方法。我是說，你什麼教別人照做的方式也沒有，就連腦子裡都空空如也。這麼說來，你要怎麼辦？你有兩個選擇。

還記得嗎？從「生產執行」過渡為「規劃設計」，並不是像開關一樣的概念，而是節流閥。你會希望做一段時間的事，從中學習、有所領略，然後你才有辦法擷取所學，「移轉」出去。不然的話，你也可以抄捷徑，當一位負責策劃別人做事方法的人。

你想要什麼，幾乎都可以在YouTube上搜尋，就算搜尋到的做事方法沒有幾百種，也會有幾十種。做事方法都在上頭，有人評論，有人打分數，只不過那不見得是你要的，和你的做事方法也不一樣。你想要一套讓團隊能照做的請款流程嗎？那就搜尋「如何向客戶請款」。你們是蓋露臺的嗎？那就搜尋「如何蓋露臺」。需要你的團隊挖洞、倒水泥、釘造托樑嗎？搜尋

「如何幫露臺挖洞立柱」、「如何倒水泥造露臺地基」，以及「如何安裝露臺托樑」。

做事方法早就制定好了。你要做的是將自己腦子裡的東西擷取出來，或者採用其他人早已從他們腦子裡擷取出來的東西。然後，著手開始規劃設計流程，讓你的團隊可以利用擷取好的、記錄好的、準備就緒的知識。

講到要先挑哪一方面下手系統化，排名第一的一定是保護並滿足你公司的「女王蜂角色」。如果可以，請擷取這方面的做事方法，就算你（還）無法移轉相關流程也沒關係。但是（這個「但是」很重要），你得先培養自己擷取做事方法的肌肉才行。你要做的第一件事，就是習慣用簡單的方式擷取做事方法。

舉例來說，你有沒有發現自己一再重複地回答同樣的問題？那就為此制定一套做事方法。擷取你回答問題的流程，然後替你的回答製作一份使用簡單、可以複製貼上的模板，接著把這份差事指派給助理或其他同事就好。我知道，這不見得是最好的法子，而且也有創新技術的軟體具備這種功能。我們的目標不過是要學習如何快速地將自己手裡的差事指派給別人，並進一步發展改善。擷取、指派（「移轉」），然後讓負責的人擷取他們做這件事的方法，再要他們找出更有效率的做事方式（「削減」）。

先從不該是你做和／或你不喜歡做的「簡單」差事下手。先「擷取」，再「移轉」。接著再擷取讓你無法專注於「女王蜂角色」的差事。

如何擷取做事方法

找出要先系統化的差事後，你就要判斷自己按照的是哪一種主要流程。你做的是體力活（搬動東西、跟人交談），還是跟東西互動的工作（用電腦工作、按收銀機）？當然啦，也可能是兩種的組合。

既然用電腦做事是最常見的狀況，那我們就先談這類的差事吧。假設我要向客戶請款（我的確做過），而我的「女王蜂角色」是寫書（也的確如此）。我會使用電腦螢幕錄製軟體，記錄我的流程。（在此我不想推薦什麼軟體，因為經常變動，不過，我倒是在clockwork.life上列出了軟體清單。）

我一邊執行這個工作任務，一邊只要錄下螢幕，口頭說明自己在做什麼即可。接下來，我會把影片存起來，以那份工作任務作為目錄名稱。有時候我也會讓軟體製作影片講解內容的逐字稿，這做起來都很簡單。這麼一來，要做這份工作的人就會有訓練影片以及隨附的文字操作內容，他們得以藉此一再複製這個流程。由於這套流程是一步一步錄製下來的，做起來簡單，也容易在目錄下找得到。除此之外，影片與文字操作內容兼具，還能適用於不同種類的學習風格。

這份影片能應付得了所有的異常情況嗎？不太可能。但是，因為這比較像看圖說故事，影片能傳達的東西會遠多於文本文件。我知道有一家體操工作室的老闆，會拍攝學生做後空翻的影片，這麼一來，她就可以錄製自己怎麼指導學生，同時把她的指導方式教給其他人。我還知道有一位電腦數值控制（CNC）機械加工的從業人員，會錄製自己怎麼排除機械的故障，讓別人得以跟著仿效。你們要邊做邊錄下自己做什麼，同時搭配口頭說明，解釋自己正在執行的步驟內容。

這不只是一套擷取下來的流程而已。你在打造訓練教材的同時，也完成了差事。因此，訂定做事方法沒有讓你浪費分毫的時間。一舉兩得！輕鬆搞定！太棒了！

至於其他只需要說話（或任一種身體動作）的工作活動，只要有一台錄音機就好。搞不好你口袋裡就有一台了：你的智慧型手機。還有，如果是搬動東西類的工作，你只需要錄影機即可，這你可能也有一台了。同樣還是那支智慧型手機。

擷取工作活動，把錄製的內容存在你們團隊可以存取的系統裡，然後再委派另一個團隊成員執行這份工作。反正，把它從你手中移轉出去就是了。要不惜一切，保護你的「女王蜂角色」！

與儲存「擷取內容」相關的小提醒：使用像電子表格這一類的索引系統，這樣就容易找得到你錄製的影片。用制式化的方式為檔案命名，如此一來，任何一個菜鳥都可以找得到他需要的影片。如果要花六十秒以上才找得到檔案，那就表示你的儲存系統有問題，這下子，它就成為讓人分心的肇因之一了。因此，你要叫團隊一起來幫忙。假如很難找到要的檔案，那就叫團隊成員們想出讓搜尋變容易的點子。

員工們一開始可能會回頭找你，問一些你在擷取內容裡忘了提及的事。例如，你錄製了影片，解說利用電腦郵寄東西的方法，但卻忘了提到登入資料的事。這時，你先給他們答案，然後要求**他們**製作下一個改良的新影片。沒錯，就是那樣。他們會立刻開始改進這套做事方法，而且透過錄製，他們也會變成老師。我們都知道，最棒的學生一定是老師，錯不了的。

這麼做，為我的企業帶來了重大的影響。我發現行政工作顯然都很耗時，郵寄書籍（這份差事我做了好幾年）和請款的工作，讓我無法為「女王蜂角色」效力。我先是寫下了最初的郵寄書籍標準作業流程，結果很快就不適用了，被大家棄而不用。然後我就得自己教員工，這方法既耗時又維持不久。我就會再教一次。然後，一旦實習生新舊交替，我傳授的所有知識都沒了，我又得從頭再來一次。

後來，我轉而改用前文概述的「擷取流程」方法，真是神效哪。我只不過利用螢幕錄製和影像錄製的套裝軟體，擷取怎麼接訂單然後準備物品寄送的流程而已。我拿出方便有用的iPhone手機，拍下我自己包裝訂貨的影片，同時解釋打包的細節。只要錄製那些內容就好。此後，我再也沒有郵寄過書。那份差事，由團隊負責。

等下一個人開始做這套流程時，他們就看影片。亞馬遜公司鑾常更改它的寄貨流程，所以，流程就需要更新，不管當下是哪個人在執行這份工作流程，就由他錄製新的影片。既然他們是負責這份工作任務的人馬，他們也就會被要求改善這套做事方式。而且，既然錄製新影片（教學內容）的人是最棒的學生，他們會一邊強化這套流程在腦子裡的印象，一邊準備好訓練影片，隨時交給下一個人。

我們在請款和支付作業上也如法炮製。影片就緒。錄製內容完成。工作也就按照制式標準做好了。送出請款單。

「委派授權」完做事方法後，你就要決定衡量與監督成果的方式。舉例來說，我想知道的是送請款單和收貨款的情況。我的衡量方式很簡單：我們接了什麼新的案子，應收帳款的情況如何。只要審查個五分鐘，我就會知道這套辦事方式是否運行順利，或者有無需要解決的問題。我無意表現得好像自己對效率的要求著魔似的，我只是真的想切中要害：我每個禮拜都要人把報告貼在我電腦螢幕的左側。我巡迴演講回來後，一進辦公室就會立刻看報告（連電腦都不用開）。假如我出門三個禮拜的話，就會有三份新的報告要看。這麼做方便又快速。

關鍵在於，一定要有個人對成果負責。這一點，你要讓大家充分清楚才行。這樣在出現需要解決的問題時，你就會知道要找誰講。我家裡的辦公室牆上，掛了一幅喬治·華盛頓（George

Washington）論單點當責（singular accountability）之重要性的名言：「在我看來，一份職務，假設一人即可勝任，兩個人來執行的話結果會更差，如果找來三個或更多人來做的話，幾乎就成不了事了。」假如創建自由世界的人都覺得這一點非常重要的話，那你我應該也要有相同的感受才是。

隨著進入「規劃設計」時期，你一定要想辦法簡化流程，花較少的力氣，得到與過去相同（或比過去更好）的成果。

我在澳洲巡迴演講時，曾經在雪梨的The Potting Shed餐廳跟克雷格．敏特（Craig Minter）共進晚餐。克雷格是效率顧問，負責到各個企業裡點出直接可以改善的地方，讓企業主建立組織效率。一杯啤酒下肚，我們天南地北地從耳鳴聊到長跑、又聊到最舒服的鞋子，克雷格開始解釋他的做事方法。

「要精簡化企業、提升其效率，透過有效的委派授權，往往最有斬獲。那就是為什麼我會先找看看，企業主有沒有什麼方面可能沒有授權讓員工下決定。接著，我會判斷他們的企業要像自動發條般運作的話，就非得做出什麼決定，同時，我也會找出他們判斷決策的行為，在哪些方面只會造成分心的結果」，克雷格如此解釋道。

按照克雷格的說法，企業主通常是執行跟「女王蜂角色」有關的事（他不是用這個詞彙就是了），不然就是做其他重要的活兒，然而，下決定會讓他們把手邊要事放一邊，使他們分心。假如種種決定被推到組織的上層，分心的情況就會發生，出現時間堆積（閒置或等待的時間）。如果出現了時間堆積的情況（有時還會積累相當長的時間），克雷格就會想辦法改變流程，加快決策的產生，減少分心的情事。通常他都辦得到。

克雷格緊接著跟我說了一則他命名為「紅綠燈」的故事。故事主角是黛比．史托克斯（Debbie Stokes）還有她的窗簾製造公司「R&D窗簾」。「黛比當時每天要花兩小時決定東決定西。只要一有工作完成，工作小組的負責人就會來敲黛比辦公室的門，問她接下來該做什麼事。她會停下自己手邊的事到產線，評估工作結果。雖然她花不到幾分鐘就能弄清楚接下來要做什麼，但是，她又得花十五分鐘左右才能接續自己被打斷前在做的事。然後，下一個敲門的人又來了。」

黛比找上克雷格。他實施了一套要員工們將每一道工序以紅色、黃色或綠色標示的做事方法。有了這套紅綠燈系統，黛比的工班就知道接下來要做什麼工作，不會去敲她的門、要她下指令了。黛比每天花十分鐘左右分類好隔天所有的工作，標上紅色、黃色或綠色的標籤即可。紅色標籤指的是迫切性高、得接著做的工作；綠色標籤是離交貨期限還有一段充裕時間的工作；黃色標籤則是介於兩者之間的工作。她的團隊都清楚這個簡單的原則：他們在工作日期間要做的，就是讓案子保持在綠色標籤的判斷與決定。如今，黛比可以花更多時間決定大局的方向，為公司的下一步訂出策略。

即便你或許無法合理地擷取所有的工作項目，授權他人來做這些事，但是，採用克雷格紅綠燈系統這種簡單的解方，你還是可以找到方法，為滿足「女王蜂角色」的個別員工們「削減」他們的工作，同時把剩下的差事「移轉」到團隊身上。

任何事都能被擷取

各位可能不想聽到這些話。不過，你做的事，那個你認為別人都做不來，或做得不會有你好的差事，也可以被擷取下來。我知道，你們都希望自己具備某種畫龍點睛的能力，沒人複製得來，但是，事實八成不是這樣。就連看起來接近原始的藝術手法都能被擷取下來了。既然這點在彼得・萊利的畫作上成立，在現代藝術家身上當然也成立。

還記得North Star公司的潔希・哈諾德和瑪麗・帕克斯嗎？我在第4章分享過她們的故事。她們確立「捕捉客戶的心聲」是她們為客戶稱道之處，即她們的「女王蜂角色」。不過，碰上應接不暇、無法處理所有工作問題的情況時，她們要怎麼確保，其他的文案寫作人員有辦法像他們一樣，發揮神奇的能力為客戶發聲呢？難道這不是她倆的「獨到之處」，光靠直覺就知道怎麼做的事嗎？萬一其他的文案寫作人員沒有一樣的能力怎麼辦？這種事情，她們要怎麼教？

瑪麗這麼跟我說：「你為我們打造的『自動發條系統』架構，讓我們轉換心態，明白了一個道理：『欸，我們沒那麼特別。』那不只是直覺。有一整套流程。我們只不過還沒花時間好好弄清楚那套流程是怎麼回事罷了。」

潔希和瑪麗一開始檢視自己的流程後，馬上就意識到，儘管她們的客戶有別，但她們每次都會問客戶們一樣的問題，收集類似的資訊。她們用推動架構（roadmap）的概念，為每個客戶的溝通結果取代號。

「他們**沒**說的事，跟他們**說了**的內容一樣重要」，瑪麗解釋道。「重點是他們分享的特定故事。連標點符號都很重要。他們有沒有常常使用破折號？他們喜歡表情符號嗎？對於列舉事物時，最後的連接詞前面要加牛津逗號，他們的看法如何？」

「這可是要花時間的」，這時潔希插話了。「即便是現在，我們都還是時時在做細部調整與修改。但我們想出了訓練團隊的方法，找到一套可重複的系統化流程，一體適用於我們所有的客戶。」

就本質而言，她們擷取了一套如何捕捉品牌心聲的方法。而且這麼做還奏效了。她們團隊產出的作品，越來越不需要修訂，而且從一開始就有辦法捕捉客戶的心聲，這麼一來，也幫助她們保護了「女王蜂角色」。顧客滿意度提升了，客戶們更願意長期和North Star合作。

當然，潔希和瑪麗也不是隨便僱個人做這份工作；她們聘請的是其他的文案寫作者。如此一來，她倆「擷取的內容」對其他的寫手就有用，不過，對例如簿記員的人來說，就沒用了——除非他們私底下是不為人知的小說家，辦公桌抽屜還有沒出版的手稿之類的。

將某種乏味無趣的差事交到別人手中是一回事，但是，要把你擅長又引以為傲的工作、而且是大家都知道你很會做的工作交出去，那可完全是另一回事。我第一次問潔希和瑪麗她們怎麼面對這種狀況的時候，她倆說，這「簡直太可怕了」。有鑑於此，她們稍稍做了點風險控管。初次讓另一位文案寫作者使用這套捕捉案主心聲的系統時，她們做好了萬全準備，確定對方不是那種會因為成品沒有完全捕捉到他們心聲而生氣的客戶。那麼做，多少給了點安全保證。

沒過多久，她們公司內部的員工討論區就沒什麼人問問題了，她們也不用再巧妙回答文案寫手的提問。客戶們都很滿意，她們公司的「女王蜂角色」完整無損。最後，她們開設了寫手指導的職位，任命旗下的兩名文案寫作人員取代她們的職務。現在，瑪麗和潔希不再「一手掌握所有的寫作知識」，她們因此有餘力可以專心提升自己，處理先前自己很喜歡但沒空做的其他案子——辦公桌抽屜的小說手稿。

你我也不特別。你可以擷取自己做的差事。或許會花點時間，但這是可行的。一定可行。

等等，麥克小子。你的意思是說，別人也畫得出「蒙娜麗莎」嗎？也許行。也許不行。可以肯定的是，繪製「蒙娜麗莎」的流程，是可以被擷取下來的。這麼一來，別人做同一件事的流程就會簡單多了。雖然他們要具備適當的天分與經驗，不過大致的路徑已經勾勒完成。美國公共電視網（PBS）的招牌人物、知名的風景畫畫家鮑勃・羅斯（Bob Ross）之所以會說畫圖時要先畫雲，這是有原因的。（你們注意到了嗎？鮑勃的教畫流程也用了影片。這老兄真是有先見之明。）如果觀眾沒有按著正確的順序，就會變成一團髒兮兮的油彩。他們或許不會是下一個鮑勃・羅斯。但他們會畫得比以前還好。

釋出決定權

當你將任務（特別是做決定的職責）交給你的員工們，即便你已經擷取了希望他們能照做的方法，有些員工可能還是會繼續回來要你出意見。站在他們的觀點，這合乎情理，因為萬一他們做了「錯誤的」決定，該怎麼辦？他們擔心會被老闆（也就是你）責罵，或者更慘，被炒魷魚。他們肯定不想失去你的信任。話說回來，要是你幫他們做決定，他們就不可能做錯什麼啦。倘若你給了答案、而且這個解方還奏效的話，那他們會因為按照你的指示而受到獎勵。而若你給了答案、而這個解方無效的話，那也不是他們的錯。對他們而言，只要是你做決定，那不管哪一種結果都是安全的。而且，還有個外加的好處——他們不必思考！他們只要做事就好。（你都知道自己寧可選擇「生產執行」類的差事做了，那他們為何不能也偏好只做事就好？）

推遲決定乃人類的自然習性。我們上班時會這樣做，在家裡也如此。你有沒有過這樣的經驗：上班忙了一整天之後，被問到一個有史以來最難回答的問題？你知道的啊，就是「你晚餐想吃什麼？」我不知道。你說什麼都好。你的團隊也很容易出現同樣的行為。他們不知道。你想要什麼，他們都可以。

假如你已經賦予員工們做決定的自主能力，他們卻有所排拒的話，你做什麼都好，就是不要替他們做決定！千萬要讓他們自己去探究、訂出行動方案，然後堅持執行。說到底，我們要的是讓你脫身，假如你繼續做決定的話，就無法脫身了。

雖然你的員工們可能會找你尋求決策方面的協助，藉此排拒做決定的職責，但你一定要把做決策的事推回他們身上。如果他們要你指導的話，你就這麼回：「你認為我們該怎麼辦？」假如他們用大家很常用的「我不知道，就是因為這樣我才來找你」這種說法，繼續排拒做決定的話，那你就這麼回：「我們是因為你很聰明又很有動力所以才僱用你的。我們聘你來找出答案。請你帶著你的最佳解方和你會做的決定回來找我，到時候我們再來討論。」他們要是真的回來找你的話，準備好點頭、微笑、允許他們放手去做。

就算他們提出的點子你不同意，你也要忍著別吭聲，支持他們。然後，等這些決定與行動都執行完畢之後，聽他們針對任何重大成果（好的壞的都沒關係）的簡報，要他們分享自己學到了什麼，下次會採取什麼不同的做法。一定要等他們做了決定並執行完畢後再聽取簡報。

只有在你眼見他們做出會帶來嚴重後果的決定時，你才要干預。你要是發現嚴重的危險，就要立刻讓你的團隊們知道。這時的你，不是在幫他們做決定，而是在指導他們。還有，務必記住一件事：正確的決定和你的決定，是兩件很不一樣的事。我們每個人都有自己處理事情的方法。所以，在觀察員工的決定時，與其拿它和你自己可能會做的決定相比，不如問問自己，員工的決定對公司有無貢獻。

◆

Spanx（美國知名塑身衣與女性內衣品牌）的創辦人莎拉．布萊克利（Sara Blakely）曾經在接受訪談（我認為你們非看不可）時說明，她的成功來自於一個基本的信念：我們應該要樂於接受失敗。布萊克利如此解釋：「我的父親在我和哥哥的成長過程中會鼓勵我們要失敗。這真的讓我在人生裡能更自由地多方嘗試，看看自己的身手。」想要進步的不二法門，就是迎接挑戰、失算、錯誤，從中學習。這個不二法門的必要條件就是你要做自己的決定。布萊克利說，唯一的真正失敗，就是不做任何決定的那種無作為狀態。不要再幫你的員工們做決定了，這樣只會訓練他們無所作為。賦予他們做決定的自主能力，讓他們促成你的企業進步發展。

要怎麼賦予別人做決定的自主能力呢？你要有心理準備，接下來這句話你可能不愛聽——

一定要獎勵錯誤。萬一事情出錯，而你懲罰了那個人的話（說教、指出哪裡出錯、大砍對方的薪水、翻白眼等等），你就是灌輸他們做出錯誤決定的恐懼感，這麼一來，他們會覺得，最安全的最法還是回頭找你做決定（讓你繼續待在「決策判斷」階段）。相反地，假如你說：「欸，成果雖然不如我們預期，但是，你做了一個決定讓公司能往前發展，我還是以你為榮。我希望你保持下去。告訴我，我可以為你做些什麼？」，那麼，你不僅會開始看到自己的企業在不一定需要你的情況下運作，還會改善你與團隊成員的關係。

豐田汽車（Toyota）舉世聞名的精簡生產流程，就是建立在這個相同的核心理念上。「做決定」一事一定要「下」推到做決定者身上。產線工人有問題時，可以停下整個生產線（你沒看錯），管理者們會趕緊過來支援那位產線工人。由該名產線工人發號施令，管理者們則會提供支援，讓生產線恢復正常運作。那就是把做決定的權力交給對的人——即最接近問題的人。

寫給員工：柯拉的故事

賈伯特福公司持續不斷地在尋找新的設備。我是指，對他們而言算是新的：他們很喜歡買二手貨。不過，他們想要的新設備定義是：更有效用也更有效率，並且對環境更有利。柯拉非常喜歡學習使用新的工具。公司買了一台樹木移植專用的新機器後，指定她負責學會精熟地操作那台機器，同時建立一套機器的操作方法。

這台最新購入的工具，可以接上他們現有鏟裝機的專用鏟頭。柯拉到他們的場地練習，不斷地重複將枯木從某一處移到另一處。她花了幾個小時學習使用鏟頭的方法，等她認為自己做好準備、能在工地操作，就馬上拍下搬移枯木的流程示範影片。她用了兩台攝影機，一台錄的是裝了該鏟頭的鏟裝機，另一台則是拍控制面板給人看。她一邊拍攝流程，一邊解釋步驟。然後，她上傳了影片檔案，把它們存在賈伯特福公司的雲端，供所有人瀏覽。

接下來幾個禮拜期間，柯拉一面使用著這個新的鏟頭，一面發現了更多有效率的使用方式。由於地面下的大圓石會妨礙搬移或移植樹木的工作，所以她發展出一套簡單的方法，先用木棍和大槌檢測一下工作區。她還改善了一些他們使用設備本身的方式。然後，她再次錄下自己的工作流程，用新版的影片取代雲端上的舊版訓練影片。

團隊其他成員必須使用這個樹鏟的那一天，終於來到。當時柯拉人在夏威夷拉奈島（Lanai），相戀多年的對象在那兒向她求婚；由於風暴的關係，回程班機遭到取消。沒問題。戈登看了樹鏟工作流程的「擷取內容」，自己操刀。雖然在這件差事上，他要花的時間比柯拉還久，但他還是穩當地完成了這份工作。

你能幫上什麼忙呢？製作一份影片，教人怎麼做你工作內容裡的某一份差事。先從容易的小工作下手。接著，要求一名團隊成員執行你剛剛擷取下來的工作流程。注意工作成效——它們有沒有達到你的標準？如果沒有，那就改善一下你的擷取內容，直到他們做的結果符合你的標準為止。一旦別人可以成功地完成那份工作，你就提高了自己對組織的價值。你有能力做重要的工作，你有能力擷取那些重要工作的流程，你還有能力將那些重要的工作移轉出去，讓自己空出時間挑戰更重要的工作。

想一想擷取工作流程的不同方法，要怎麼擷取，別人才可以輕鬆上手。舉例來說，除了影片擷取的方式之外，你也可以建立清單或是流程圖。

你錄製的流程越多，自我價值就越提升，特別是當你擷取下自己「主要工作」流程的時候。儘管那些把自己變得不可取代的員工，或許會以為自己保住了飯碗，可是，他們卻犧牲了公司的穩定（假如他們不做某件事，沒有人有辦法做），同時也阻礙自己超越自己的工作職掌。擷取做事方法，是將你累積的知識貢獻給公司的方式之一。這麼做，也會讓你成長，有能力接新的工作，迎接新的機會。

一旦別人可以做你的「主要工作」，你就會有後備人員替補，可以休息。搞不好你還能休四週的假呢。（跟你的老闆提出要求。告訴他們，這是我說的。）

自動發條系統實務

1. 挑一套自己的做事方法，擷取下來。沒錯，說到底，你有幾百套要擷取下來的做事方法，但如果你不動手開始的話，都是空口說白話，成不了任何事。現在就踏出第一步——從你往後可以移轉出去的簡單小事開始。把那件事當成對象，擷取出第一套做事方法，再看看它對你有何作用。然後，叫接手這套做事方法的人錄製同一件工作的下一個做事方法版本。
2. 將你擷取下的第一套做事方法存在某個目錄下。這個目錄應該和你們團隊所有成員會使用的目錄相同。你用什麼雲端儲存軟體都無所謂，只要是你公司和／或你自己伺服器適用的軟體即可。

第三階段

加速

你的企業即將就要大發啦——是好的爆發，會大鳴大放。你的團隊會獲得自主的能力。你的公司會開始找出自己的問題，加以解決。這麼說來，那你要幹嘛呢？

撰寫這本增修版的《發條法則》期間，我將寫書的工作暫時擺一邊，去參加了我的寫書與演講事業的每季季會；會議的籌辦人是我們公司的負責人凱爾希・艾瑞絲（Kelsey Ayres）。假如你讀過這本書的第一版，或許還記得，她是我當時的助理。凱爾希從時薪十美元的兼職員工做起，如今她以公司負責人的身分，監督公司願景的執行情況。

在季會上，我們針對進一步服務並擴展我們建立起來的社群，構思了新的產品，其中包含各類商品，以及一本靈感來自《獲利優先》的童書。（那本書就是後來的 *My Money Bunnies: Fun Money Management for Kids*。）我們用一種我從未經驗過的方式激發腦力，想出新的策略。會議最後，我們宣布當季的獲利創下有史以來的新高。這真是了不起的成就，因為我那些原本是重大收入來源的演講活動，由於全球疫情，幾乎歸零。這一切，都是因為我們將公司自動發條化，而且持續改善自己的做事方法，才成為可能。然後，會議才真的以喝酒吃點心的方式作結——當然，我們只吃好料的，因為那才算認可成就的方式。

整合你對自己公司的「頂尖客戶」、「大爆炸」、「一定說到做到的承諾」，還有在「校正」階段時確立的「女王蜂角色」的清楚認知，你就會有能力開始實現組織效率。下一步，就是要把你的系統（做事方法）再往上提升一級。

在「加速」階段裡，你會根據成員們的優勢去平衡你的團隊，突破瓶頸，還會把**不去**公司上班放的假，以及**為了**公司而放的假結合在一起。對你的企業來說，你會以一種更為重要的全新方式，擔任要緊的角色。你不再是企業的心臟，而是靈魂。

第 9 章

平衡你的團隊

找到合適的人來擔任合適的角色，
以適當的比例，執行適合的任務。

從你開始聘僱員工起，無論是兼差打工或全職人員，或者引進虛擬助理、找來承包商，你的公司就具備好幾個必須齧合無間的齒輪。如果你從一開始就打造了一家平衡得當的公司（「生產執行」佔了80％，「判斷決策」／「委派授權」／「規劃設計」佔了20％」，你就會有比較穩固的基礎，此後加速成長就會比較容易也比較順利。這是對你會大有幫助的「規劃設計」技巧。

馮恩・哈尼許（Verne Harnish）在他的著作《掌握洛克菲勒的習慣》（*Mastering the Rockefeller Habits*）當中就說過，我們需要「適當地找到合適的人、恰當地執行合適的任務」。這一點也沒錯。真的完全不假。只不過，我想要再加上一點。合適的人需要以合適的比例執行合適的任務。我會把哈尼許那句精簡的至理名言，改成這樣：「找到合適的人，以適當的比例，執行合適的任務，恰當完事。」

這句話可以拆解如下：

1.「找到合適的人」：這部分的意思是，你知道團隊的絕佳優勢——也就是成員們的才能所在，不是他們目前最常做的工作，而是他們最擅長、從中也獲得最大滿足的事。人要是有所擅長且熱愛為之，就會出類拔萃。可惜的是，大部分的企業主和領導者都不知道團隊成員們的優勢為何。判定你員工們的優勢（同時，在引進新成員前，先評估他們的優勢），藉以將其安排在會有卓越表現的職位上。

2.「執行合適的任務」：判別什麼樣的工作任務，是你的企業需要與不需要的。把不需要的任務「捨棄」掉，這麼一來，就不會有人受這些差事干擾而分心。將工作任務「移轉」到合適的人手上。「削減」某些工作任務，用更有效率的方法完成。「珍藏」員工們需要留在手邊的工作。你這麼做，就是在校準，讓合適的人對上合適的工作。

3.「以適當的比例」：人也好、企業也罷，都需要平衡。假如沒有明確的指導，再多的「生產執行」也達不到預期效果。要是沒人根據策略採取行動，再多的指導也沒有效。就算你的團隊成員們有所擅長，他們還是需要平衡，也需要合宜適己的變化。以「生產執行」佔80%、「判斷決策」佔2%、「委派授權」佔8%、「設計規劃」佔10%為目標，為你的公司打造整體平衡。

4.「恰當完事」：這一部分的重點是教育。擷取恰當的做事方法，提供給你的員工們。你要有定義明確的目標以及可供遵循的流程。教他們認識自己的「主要工作」，讓他們理解什麼是「女王蜂角色」，同時讓他們知道滿足與保護「女王蜂角色」的必要性。

合適的人

我曾以主會場主講者的身分，出席某次在加州聖荷西（San Jose）舉行的會議，對四百名與會者發表「自動發條系統」的演說；演說完畢，我在會議室多留了四十五分鐘，回答問題，同時也聽聽創業家們的故事，了解他們做了什麼努力，以精簡自己的企業、提升效率。聽眾們魚貫地離開會議室時，我發現有一位男士很有耐性地等著我。如果你是講者，你就會知道通常這都是怪人，而你無論如何都應該避免跟他對上眼。不過，我認得這個傢伙。那是34 Strong公司的共同創辦人，戴倫・維拉薩米（Darren Virassammy）。

談到平衡團隊、讓每個員工都精進努力，戴倫可是這方面的**專家**。他的公司採用了估量個人才能（與其他特質）的StrengthsFinder系統，發展出一套很有效果的流程，可以將企業中合適的人力安排到合適的角色上。

我和戴倫開始閒聊，隨後我們決定一起吃晚飯，繼續我們的話題。我們一邊吃晚飯，他一邊教我平衡相關的知識。那時我才明白，即使「女王蜂角色」的策略奏效，聽眾們也很有共鳴，但一家公司還是得平衡自己的團隊，才能實現組織效率。

「公司犯的錯（無論嚴重程度大小），就是把所有的人視為基本上相同的個體。假如你面試的時候能說話得宜，就會被錄用了。假如你一經錄用後，能拍馬屁，那你就會升官。雖然工作本身很重要，但我們衡量的不過是你有無辦法在給定的時間內把工作做好而已」，戴倫如此說道。「大家沒有明白的是，人人都有特別的才能。面試時脹紅著臉幾乎說不出話來的人，或許是全世界解析能力最棒的人。會談論服務別人有多重要的人，可能不會是個把數字當動力的好業務，但或許會是個把影響力當動力的好客服。」

他接著往下說道：「你得知道人們天生擅長什麼，然後將他們與你企業裡的角色媒合起來，讓他們盡量發揮自己所長。換句話說，如果你用爬樹的能力衡量一隻魚，用在水中可以呼吸多久的能力衡量一隻猴子，那兩邊注定都要失敗。然而，如果你用在水裡呼吸的能力衡量一隻魚，用爬樹的能力衡量一隻猴子，你會發現，他們都將出類拔萃。」

你要讓員工們的優勢與他們的角色相稱。那麼，要怎麼找出他們的絕佳優勢呢？就直接問他們吧。嗯，可能比直接問要再複雜一點點。舉例來說吧：假設你在面試，對方是要來幫你的網站寫內容的，你問對方有何優勢時，他若對拿下這份工作的意願很低，可能就會回：「我很擅長寫文案。」

所以啦，你要問的不是他們擅長什麼；而是要問他們天生喜歡做什麼。例如：「在所有上班時做過的差事裡，你最喜歡的是哪三個？」、「假如你可以找到世界上任何一份工作，做任何你想要的工作，你要做什麼？」、「十年後，你認為自己會做的理想工作是什麼？」、「假如你擁有全世界的財富，你只是為了樂在工作而工作的話，那麼，你會做什麼？」。找出他們的興趣。找出他們的嗜好。找出什麼帶給他們快樂。因為，會帶給他們快樂的事，通常都是他們的長處所在。

以上是快捷的方法。至於我自己的企業，採用的方法可周全多了。我找來34 Strong公司評估我的團隊，然後接受他們的建議，把合適的人安排在合適的角色上（稍後我們會進一步說明）。在評估新人時，我們會問他們上述的問題，然後請戴倫幫我們做測試。

道別時，戴倫伸出手來，想要和我握手。素來就不太擅長觀察小動作的我根本沒注意到他想握手，結果演變成史上最尷尬的抱別。我上前緊抱他，這下，他伸出的手夾在我倆腹部之間，這一抱還抱得有點久，很怪。我們都清了清喉嚨，但兩個男人夾臂緊抱，尷尬至極，不管做什麼都沒用。哎呀，我的演講會結束後還徘徊不去的怪人根本不是戴倫，是我啊。

偵測優勢的最後一招，或許也是最有效的一招，就是觀察。觀察同事們上班的情況。他們在什麼事情上自然而然就能表現極佳？他們想多做的是什麼事？他們想多學的是什麼事？從這些全都可能看出他們的優勢何在。

而今，你有了一個４Ｄ組合為目標，也確立了你的「女王蜂角色」，並且正在動員自己的團隊，要求大家加以保護、為其效力。你會發現，你的團隊可能需要有所改變，才能適應這些變化。在這方面，你有時候會感覺團隊成員們有所抗拒。大家可能會擔心自己的工作穩定性，或者會因為做「比較少的事」，可能讓人感覺自己較不願意與大家合作（事實恰恰相反），所以難以捨棄原本的角色。或者，你可能會發現自己跟我一樣，這一抱時間太長，又脫不了身。歷經這個過程時，你要記得，轉換對部分的人而言，可能很難。在本章裡，我會分享方法，教你怎麼確保自己找到合適的人，以適當的比例，執行合適的任務，恰當完事，同時應付過程中可能出現的議題。

何時該聘僱員工

這個問題幾乎天天都有人問我。我都還沒能回答，問我的人就已經有自己的答案了。他們會說：「我現在請不起員工」、「我肯定得用一大筆薪水才請得動具備我所需能力的人」，或者是「其他人都好爛」。創業家的結論幾乎都一個樣：「我想，只能自己再辛苦久一點了吧。」他們會認定自己得暫緩請員工的事，這麼一來，他們會困在「生存陷阱」裡越來越久。有個好用的經驗法則：假如你覺得自己需要幫忙，卻得再苦撐一陣，那就是你的潛意識在絕望地懇求幫忙，應該聘僱員工了。

首先，我們來處理一下你那種「靠自己做事」的心態。我來問你一個問題吧。你想要一個小時賺五十美元，還是一個小時賺五美元？你當然想賺五十美元啊。那如果我問的是：你想要所有的工作都自己做、一個小時賺五十美元，還是什麼工作都不用做、一個小時賺五美元？這時「生存陷阱」就會漏餡了。比起一小時五美元，一小時五十美元雖然還是比較好的時薪，不過，你最終賺多少，取決於你付出了多少努力以及保持下去的能力。不管你有沒有在做事，一小時都會賺五美元（扣除支出）。

當你明白自己可以永久不斷地增加一小時五美元的報酬後，你或許就會改變思維了。假設你僱用一個合適的員工後，不用工作、一小時就可以賺五美元，僱用兩個的話，一小時就可以賺十美元。要是聘僱了十個人，你這下子連手指都不必動，每小時就可以賺五十美元。你生病，會賺錢。你去看女兒學校的戲劇表演，會賺錢。你度假，還繼續賺更多錢。那就是「自動發條」公司的目標——公司在完全不依賴你的情況下，自行運作，同時還用賺的錢為你這個股東效力。

這下子你明白，就算（或者「尤其」）在不靠自己做事的情況下，也**可以**賺錢，那你何時該聘僱員工？聘僱員工，沒有太早的問題，卻**可能有**太快的問題。太早和太快可是兩回事喔。如果你聘人聘得太快，等於沒有好好思考就僱用對方。那是失策。話說回來，你不可能聘人聘得太早。我的意思是說，任何規模的企業，只要在適當的限制下，盡早聘到合適的人，都會有好處。

舉例說明吧，假設自己做事已經是你的常態，而且相對上始終如一，但你連賺的錢都不夠付自己薪水，而且身心俱疲。那就該是聘僱員工的時候了。不要受到那種「我沒有錢」的立即反應干擾。站在長期的角度想：「我需要不必多做事也能賺更多錢的辦法。」該是聘僱員工的時候了——前提是在適當的限制下。也就是說，或許你還沒準備好僱用全職員工還包福利。或許你想要一個禮拜工作五個小時的員工，而你只能按照現實情況，付他們十美元的時薪。

現在你心裡想的可能是：「誰會想要一個禮拜賺五十美元的工作？」但就是有人會因為找到這樣的工作興奮不已。創業家們會犯的錯誤，就是以為所有的人都在找全職工作，大家都期待高薪。舉個例子吧：艾琳・莫格（Erin Moger）打從一開始就一直是Profit First Professionals的兼職人員。她不想增加工作量；她想要教養自己年幼的孩子。我和我的企業合夥人朗・薩哈里安（Ron Saharyan）都覺得自己三生有幸能認識她，與她共事。艾琳是個了不起的團隊成員。有鑑於此，我們設了一個讓她能兩全的職位，這份職務不只以她的時間為重，還能讓她為公司效力，用絕佳的方式照拂著我們的成員。那對我們來說是大獲全勝。

我聘進來的第一位團隊員工賈姬・樂朵思基（Jackie Ledowski），一個禮拜工作三天，一天三小時。那是她當時的生活中最希望找的理想工作，而她也是最適合我當時所需的人。聘了她，我就可以把部分行政類的「生產執行」工作移轉給她（一開始一個禮拜九個小時），我因此得以做更多「規劃設計」的事。

僱員不受限於全職或兼差的工作。我還僱用過承包商、虛擬團隊成員、實習生還有供應商。你甚至可以跳脫傳統工作形式，僱用像義工、家人或自願幫忙的家人。我開第一家公司的時候，就「僱用」過我的父母幫我打掃辦公室。對他們來說，薪水爛透了（零元）而且福利更糟（我會去爸媽家，把剩菜剩飯通通掃光光）。但他們可是能減少我工作量的超棒「僱員」，沒錯，他們是**超棒的**父母。你要跳脫傳統的僱傭概念，好好想想任何可以減輕你工作負擔的人或事，哪怕只是減輕一點點也好。

初期僱人的目標（真要說的話，每一個階段僱人的目標）就是要讓你騰出時間，更投入「規劃設計」的工作，少做「生產執行」的工作，你能越早這樣越好。記住：你需要在不靠自己做事的情況下賺錢。透過公司的努力而不是你個人的努力掙得的每一分錢，都會讓你越來越接近成為「自動發條」公司的目標。

理想的僱用對象

很諷刺的是，你不應該根據履歷上列出的技能僱用員工。你唯一能給員工的就是技能了，而且，你希望提供他們的是用你的方法做事的技能。「技能」工作可能會是一種陷阱。你如果僱用了一個已經具備技能的人，那就意味著他們帶著過往工作的包袱走進你的公司。他們會用他們的方式運用你需要的技能，那很少跟你期待或需要的做法相符。也就是說，好一點是產生混淆與不協調，最糟的情況是工作得重做。

你要僱用的人，是具備使命必達的態度、活力滿滿還有高度理解力的人；對公司有充分認同、而且極想做事的人。這一些全都是沒辦法教的無形資產。他們有就有，沒有就沒有。所以，找出具備你要的無形資產的人，然後，把你唯一可以給的東西給他們：技能。

一旦你明白自己不需要「具有十年社群媒體與產品經銷經驗的資深專員」，理論上，你就可以僱用態度、活力還有理解力都恰當而且認同你公司的人，做同樣的工作。我說啊，那才不是理論；我們真的就這麼做。我的辦公室有一位處理產品經銷的青少女。由於她未成年，所以我用愛麗絲這個化名好了。她或許年齡上未成年，但可是個超棒的員工。愛麗絲的薪資比最低薪資高一點點——倒不是我們佔她便宜，而是按照她的經驗和工作內容，只能這樣。噢，還有，她要等下午三點下課後才能上班，而且還要求有個人練球跟練團的時間，還有啊，她必須在能走路來、或是爺爺開車帶她來的時候才能上班——這種種一切，我們都樂得配合。

你要記住，人們挑工作不會只看薪水跟假期。就算那些人只考慮這兩個因素，你也不會想要僱用這種人。的確，人們希望有份好薪水，用他們想要的方式過活、度假、做其他的事，但好的員工，同時也在尋找層次更深的東西。例如樂趣、學習、影響力、文化等等。

尋找新團隊成員的時候，要追求多元。我們會犯的最大錯誤，就是僱用我們喜歡的人。我們喜歡他們，通常是因為他們與我們相似。我們需要具備不同技能與觀點的人。僱用多元的人吧。不要僱用你喜歡的人，要僱用你尊敬的人。

最後，你要當一個物色特質的人。你要物色具備你所需的特質與長處的員工。當一個物色特質的人，你就要判定，對方是否需要相當注重細節、非常善於溝通或分析。好好想一想你公司裡需要完成的不同工作任務，及其所需的特定優勢為何，然後再僱用人來滿足這些條件。

你們有沒有發現，刊登徵人廣告時，會吸引到幾十個或幾百個對那份工作興趣不大的應徵者？那些人只不過是**隨便什麼**工作都應徵。他們用履歷灌爆了你的收件匣，而你要面試他們的時候，對方卻回「你說的是哪個工作？」、「薪水多少，有多少假？」、「你說我要做什麼？」這類的話。我沒有暗指這些人不好的意思，但他們肯定不適合你的公司。而且，還會大大浪費你寶貴的時間。

想要覓得比較好的應徵者，你的徵才廣告，就要明確說明你的組織文化及條件，把那些不看詳細內文就投履歷的人，一次就通通刷掉。要怎麼辦到這麼神奇的事呢？寫一篇很長很長的徵才廣告，詳細地解釋你的公司文化，讓未來的員工有心理準備，知道在你公司做事會有什麼樂趣，同時要面臨不一定有趣的條件審查，然後廣告本身也要安插一點必要條件。例如，在廣告內文最後，要求應徵者必須以「我熱切期待著要做這份工作」作為電子郵件的信件主旨。你會發現，絕大多數的應徵者不會這麼做，換句話說，他們沒有讀你的徵才廣告，對這份工作也不是真的感興趣，不然就是什麼工作都應徵，再不然就是沒有能力按照指示辦事（這可是相當重要的能力）。在clockwork.life網站上，我分享了我張貼過最好的徵才廣告之一。歡迎你們複製、修改、貼上，寫出一份好廣告，吸引你自己的兼職或全職明星員工上門。

你最害怕的事：信任

有一件事，我必須跟你實話實說。幫我一個忙，花點時間看看四周，確定沒有人偷聽。好了嗎？好。

我認為你可能有恐懼心理。事實上，我**知道**你有恐懼心理。換個好一點的方式來說，你可能有信任問題。企業沒辦法成長、不能像自動發條系統一樣運作，最常見的原因，並非系統的問題。拜託，想要擴大公司規模，市面上有一堆超級有用的系統好嗎，像奇諾．威克曼的《拉力》、麥克．葛伯的《創業這條路》、馮恩．哈尼許的《擴大規模》（*Scaling Up*）都是。然而，就算照著這些方法，按著自動發條系統的做法，或從所有方法裡挑出最適合的執行，大部分的人還是沒能擴大公司的規模。

為什麼呢？因為他們無法信任別人，將企業交給對方經營。我是說，想像一下，你找來一個輔佐你企業的重要員工，對方幾個月後卻帶著你所有的客戶離開公司。這有可能發生，也的確會發生。再想像一下，你信任新進員工，把客戶交給他處理，他卻敗事有餘地讓你永遠失去一個重要的客戶。感覺起來這種風險太大，教人無法相信別人。我大可以叫你要「振作起來」，要克服這樣的心態，因為你得信任你的人，才有辦法讓自己成功從例行的工作事務抽身。但這麼說就好像要你振作一點，在沒有接受長跑訓練的情況下去跑馬拉松一樣。由於受傷的可能性太高了，你可能會打退堂鼓，永遠都不跑馬拉松。

所以啦，我們反而要慢慢來才對。想一想婚姻吧。你不太可能隨便在街上就找個人，要對方跟你結婚。如果真的這麼做，可能會被賞耳光也說不定。我們不會隨便找人結婚。我們比較有可能約會個一、兩次或兩百次再看看。我們或許要花時間了解彼此。搞不好結婚前還會同居一陣子。會有求愛期——通常都是如此。

但講到重要的員工甚至是企業合夥人，通常我們的決定都下得太快了。你才認識一個有機會成為企業合夥人的對象二十四小時，就覺得這足以讓彼此承諾終身共同經營企業了。講真的，你跟這位合夥人相處的時間會比跟你的伴侶還多，但卻花那麼少的時間細查對方就裡。

跟員工的進展要慢。信任的建立，要一步一步來，但要馬上開始才行。我們的目的，是要讓新的團隊成員可以完全自主，要做到這一點，就先從低風險的移轉下手。用他們應付得了的速度，交付他們新工作，同時，你也要一邊衡量他們的產出。隨著他們有能力接下更多的工作任務，你再將越來越重大的職責移轉給他們。要是你察覺到他們可能招架不了的徵兆，就放慢速度，或者暫停移轉新的工作任務。不過，無論如何，你都要想辦法讓他們在上任第一週就靠自己做些事。對你也好，對新員工也罷，那都有建立信任的作用。

還有，確定你的團隊都同意你的「一定說到做到的承諾」，而且都理解你公司的「女王蜂角色」，這將有助於你建立信任感，如此你才有辦法放下職責，開始將合適的人安排到適當的職務上。

練習：工作特質分析

我們要明白，任何一個公司的職務，都有所需的工作／任務清單；諸如接待人員、銷售人員或其他職務等皆然。這份清單造就出一個圓形的洞，但大部分來應徵的人都是方形的榫。我們不太可能找到一個員工，具備應有的、讓他可以在這份職務所需的所有工作／任務上都表現突出的特質。你最好先評估目前的員工和新應徵者的優勢特質，然後再不計職稱，媒合這些特質與不同的工作／任務。舉例來說，如果有人具備了絕佳的講電話技巧，那他可能就非常符合接待、銷售、客服等工作的部分要求。但同時，他們可能會因為外表衣冠不整，所以不符合接待、銷售、客服等工作的其他要求。你要做的是媒合員工的最佳特質，與需要那些特質的工作和任務。

在接下來的這個練習當中，你要進行「工作特質分析」。

1. 在「工作／任務」這欄，填上你公司某一職位必須負責的所有工作／任務。填進你公司所有職位的資料，連你自己的職位也要填。

2. 在「具備什麼特質才會表現突出」這欄，填進會讓人在這個工作／任務上表現突出的主要行為。例如，假設某份工作／任務是「處理顧客的來電」，那麼「具備什麼特質才會表現突出」的欄位可能就是「專業而自信的聲音」，或「清楚且具同理心的溝通」。不要拘泥在細瑣小事上，例如「在小數字鍵盤上按號碼的能力」或「會轉接電話」等細節。沒錯，那些都是必要的事，只不過我們要尋求的不是必備的技能（你可以訓練他們學會那些技能）。我們找的是不可能教或很難教的天生能力和熱忱。寫下一個特質就好。什麼是最能成功讓那份任務推進的關鍵特質？

圖表10：工作特質分析表

工作／任務	具備什麼特質才會表現突出	重要性 女王蜂角色／主要工作／高／中／低	現況 做這個工作的人	最適合 做這個工作的人

注：clockwork.life網站上有提供可下載列印的版本

3. 「重要性」：這個欄位要填的是該工作／任務會對公司造成的影響。按照以下五種級別，將每份任務所屬的級別標出來：「女王蜂角色」、「主要工作」、「高」、「中」、「低」。「女王蜂角色」是最關鍵重要的級別。「主要工作」是員工們最重要的個人執掌。「高」重要性的任務是「主要工作」完成後一定得做的最重要工作。「中」和「低」重要性任務則是雖必要但沒那麼重要的職責。

4. 「現況」：列出目前做這份工作／任務的任何員工。

5. 接下來，填「最適合」的欄位：根據媒合特質的結果，填進最適合做這個工作的人（一人或多人都可）。從「女王蜂角色」開始媒合，然後按照「主要工作」、「高」重要性、「中」重要性與「低」重要性任務的順序做。記得，職稱**不代表**人，特質才代表人。舉例而言，你不是在找接待人員。你在找的是「最棒的溝通者」，既然如此，你要判別那個人是誰，同時將他們與最棒的溝通者才能做好的任務與工作，兩相媒合。

6. 接著，為最關鍵重要的任務，安排員工，從最重要的任務（即「女王蜂角色」）下手。讓具備工作所需之優勢特質的人去做那份工作。安排與觀察，雙管齊下。想把每一個人都安排到最理想的工作／任務上，那是不切實際的。有鑑於此，一定要從重要性高的工作／任務開始往下排。從「女王蜂角色」開始，最後再處理「低」重要性的任務。

這樣做，我們就擺脫了以年資和權力／職位為重的傳統金字塔式組織架構。傳統上，大家會需要「按位階一步步往上爬」，而且往往會分配到未能善盡其特質或能力的工作。實施自動發條系統的公司與舊的金字塔結構不同；它反而會採用聯結網，把優勢發配到所需之處，產生像大腦結構那樣的網絡。

讓工作成為快樂所在

柯黛．里得（Cordé Reed）來面試的時候，我問她：「妳會很想做什麼工作？」

「我的天啊」，她說。「從來沒有人問過我這個問題。你是認真地在問我嗎？你真的想知道我想做什麼工作嗎？」

真的。做自己愛做的事，我們就會出類拔萃。想一想你的嗜好或最愛從事的活動。你做那些事的時候可以沉浸其中，沒錯吧？假設你熱愛修理摩托車，你就有辦法一整個週末耗在自己的車庫裡，而且開心得不得了。或者你熱愛拼布，可能就會全心全力車線縫針，做到半夜方休。我們樂於做某件事的話，就會將許多時間與氣力，投注其中。這不但不會把我們耗盡掏空，還會帶給我們活力。

現在，想像一下，你公司的整個團隊，都是能從上班中獲得活力的員工。每個工作日結束之時，他們非但沒有覺得精疲力竭、累到走路抬不起腳，還覺得能量滿滿。那不是很不可思議嗎？你難道不希望你的員工因為可以做自己熱愛的事，所以興奮雀躍地來上班嗎？你可以擁有這樣的情況——前提是，你要讓他們的工作成為快樂所在。讓具備才能的人做符合其才能的工作。讓他們想做的符合他們所做的。那樣的公司，是大家會樂於效力與助之成長的公司。

練習：平衡團隊

企業要能維持下去與成長茁壯，就一定得積極地「生產執行」客戶們看重的事物。而「規劃設計」工作的重點，就是要建立最佳的方法，讓你的公司自動生產執行客戶們看重的事物。

凱爾・奇根（Kyle Keegan）開了一家災難清理服務公司 Team K Services（以水災和火災為主），他熱愛冒險，也樂於協助人群。他非常喜歡這份工作。他真的不怕弄髒雙手，每個禮拜最起碼都要親自工作幾個小時。從工作現場，他學會了讓公司運作更順暢的方法。面對客戶，他「一定說到做到的承諾」是：當客戶們提出最迫切的問題（「我現在該怎麼辦？」）時，他會馬上提供答案。對顧客而言，那通常都是他們有史以來遭遇過的第一場災難。而且大多數時候，在災難發生完沒過幾個小時，凱爾的團隊就已經和客戶聯繫了。他承諾會立刻提供客戶們正確的資訊，讓他們得以繼續人生的道路。有鑑於此，他為自己公司確立的「女王蜂角色」，就是極為快速且精確的估價。

然而，凱爾知道，他耗費在「生產執行」上的時間，妨礙了公司的成長。他檢視了公司內部的團隊，判定員工們最具優勢的特質為何，看看是否有人具備自信而富同理心的溝通技能，可以滿足「女王蜂角色」。釐清這些之後，他便可以多花一點自己的時間在「規劃設計」的工作上，帶領公司更上一層樓。他發現，有兩個理想的人選可擔當大任。找出具備合適溝通特質的新團隊成員後，他平衡了所有人的工時利用情況（包含他自己在內）。這下子，「女王蜂角色」有了兩位新成員的保護與效力，凱爾得以將工作任務移轉出去，更專注於「規劃設計」的工時上。他讓他的「工時分析」發揮了重要作用，藉此維繫企業的平衡狀態。你也可以這麼做。

以下介紹平衡團隊的方法，你可以針對自己的團隊如法炮製：

1. 我先前就分享過，公司最理想的工時估比平衡狀況是80／2／8／10。百分之八十是「生產執行」：完成直接滿足客戶或終究會滿足客戶、同時為自己帶來價值的工作任務。百分之二是替別人「判斷決策」：必要時批准或協助員工在非常態的情況下做出決定。百分之八是針對資源管理的「委派授權」。再重申一次，「委派授權」**不是**幫別人做決定，而是指定由別人當責的職責，同時提供必要的指導，達成想要的成果。百分之十是「規劃設計」策略。這部分的重點，是如何讓其他三個層次的工作（「生產執行」、「判斷決策」以及「委派授權」）效用發揮得越來越好。

2. 一人公司（老闆即員工）就是整家公司。所以，他們的工作／任務分類情況應該以80／2／8／10為目標。

3. 如果你有多名員工的話，我們也建議你以80／2／8／10的目標分配工時平均佔比，以平衡你的團隊。舉例而言，你個人的工時佔比可能是60%的「生產執行」、4%的「判斷決策」、16%的「委派授權」跟20%的「規劃設計」。假設有另一個員工的工時佔比與你相同，那就需要對方有100%的「生產執行」，才能讓你公司的總「生產執行」變成80——因為他的100%跟你的60%平均起來是80%。按這個道理，公司的「判斷決策」會是2%（你們兩人的平均）、「委派授權」是8%，而規劃設計就會是10%。

4. 利用你幫自己和團隊所做的「4D工時分析」，解決你公司的平衡問題。把每個人都算進來。估量他們為公司工作的工時數，與整個公司的工時數相較下的比重如何。例如：如果你一週工作八十個小時（順道一提，果真如此的話，我們得快速解決這個問題，因為你工作量那麼多，不符自動發條系統的精神），而另一位員工一週工作八小時的話，那你的工作比重就是那名員工的十倍。

5. 對照員工們目前做的事與他們想做的事。試著用不同的模式調動人員，在維持全公司工時平均佔比為80／2／8／10的情況下，轉移員工，讓員工的優勢獲得最大發揮。當你準備好試用新的模式時，要進行試運作與測試才行。讓大家試做新的工作，確認自己適合。調動人員要慎重，慢慢來，從頭到尾都要溝通。告知你的團隊，你試著用這樣的方法重新平衡他們做的工作，讓他們做起事來更快樂，效率得以提升。幫你的團隊們做好心理準備，面對過渡時期會出現的不順。同時，請他們主動提供意見，分享如何讓新的平衡更完善的方法。

找到挑戰員工的新方法

人們一旦對某件事駕輕就熟後，久而久之就會倦怠。不然你以為《小子難纏》[1]裡的宮城先生為什麼會學種盆栽啊？老兄，就是因為他已經精通空手道啦。他得找別的事做。有時候，永遠都被視為技術精湛純熟的人，就可能因為極少表現而開始犯錯。這是因為他們不再經歷新的學習，也沒有遭逢新的問題解決過程，所以他們對事物失去興趣，或至少不再全心全意投入。這就像課堂上絕頂聰明的孩子，因為無聊所以開始搗蛋一樣。你要重新平衡你的團隊，讓他們眼前永遠有挑戰，繼續發揮他們的技能，讓他們依然想從中求取更多。

我上一次搭機的時候，目睹了以下快速發生的情況。在過去，盯著螢幕上行李掃描結果的美國運輸保安署（TSA）人員，會不斷地盯著一個又一個的行李。他們的工作就是鉅細靡遺地檢查一切細節，只不過這份工作的重複性會讓他們麻木，可能就因此輕易地漏看了什麼——你懂吧，**真正**重要的東西之類的。如今呢，他們每二十分鐘左右就會輪班——幹得好啊，運輸保安署。員工們會從檢查行李的工作，換成指揮旅客通過掃描機的工作，再換成員工們都想做的（但旅客們都**不**想要的）搜身工作。由於他們不會卡在某個一直重複的任務上，所以，就能維持充沛活力。

在我們的Run Like Clockwork訓練課程裡，我們會教大家《打造夢幻團隊》（*Build an A-Team*）的作者惠特尼・強森（Whitney Johnson）研發的「S學習曲線」（S-Curve of Learning）的概念。根據介紹這本書的YouTube影片，「S學習曲線」就像雲霄飛車。員工們在底部時，完全是幾乎不具知識與經驗的菜鳥。搭雲霄飛車往上爬升（匡噹、匡噹、匡噹、匡噹、匡噹）就是精通工作任務的過程。當他們抵達頂部時，因為感覺心滿意足，他們會覺得好極了。只不過，卡在那樣的高度上，很快就可能讓人覺得沒意思。接下來就會有一大堆「如果我想上廁所怎麼辦？」、「我到底什麼時候才會搭完這趟忽高忽低，沒有目的的雲霄飛車？」這類的想法。要重拾期待與興奮，就必須飛速降回底部，開啟一條新的學習曲線。

1 譯注：*The Karate Kid*，一九八〇年代的經典電影，是一部關於男孩丹尼爾與空手道師父宮城之間友誼的故事。

強森在她的影片裡揭示，對一個平衡的團隊而言，最理想的情況就是，大多數的成員在學習階段、部分成員在起始階段，而部分成員對一切已經駕輕就熟。那些還在學習中的大多數成員，就是你的生產者；已經駕輕就熟的人，可以協助學習者輕鬆快速上手；至於菜鳥們則可以挑戰根深蒂固的想法，反問：「我們為什麼要用這種方式做？」

平衡你的團隊，是一個持續演變的過程。每一季都要審視一次。你的目標是要讓員工手上有越來越多他們熱愛做的差事。雖然不一定都達得到，但你的目標是隨著時間過去，替團隊裡的每位成員打造出他們的「夢幻工作」。隨著這個過程不斷演進，你的團隊也會跟著成長、改變。每一季回顧檢討時，你一定要細想有多少員工在學習模式、多少人在嫻熟模式。

◆

改變是難事。我深信你不需要我來告訴你這一點，但我還是要說，因為你實施完這五個「自動發條」系統的步驟之後，肯定會深有所感。就算你的企業正在蓬勃發展、你也有了更多的時間專心「規劃設計」你的企業，改變還是很可能讓人壓力重重——特別是在改變團隊的平衡時。你的團隊也會感受到那樣的改變，他們有可能缺乏信心、擔心無法勝任自己的新職位，或者擔心自己可能會整個被刷掉。

你務必記得一件事：一個平衡的團隊，不只是留住現存人才的工具，對你招募人才，也會有所幫助。對未來的員工來說，你們公司矢志要幫助團隊成員愛上他們的工作，可是極具吸引力的特色哪。

至於那些還是會續留團隊的人，你要讓他們安心。聆聽他們有何顧慮。讓他們知道團隊一定有他們一席。還有，在過程中，別忘了要好好呼吸。是啊，改變是難事。但改變也會讓你得償所望：換來一個會自行運作的企業。

寫給員工：柯拉的故事

柯拉熱愛賈伯特福公司，也熱愛自己的工作，不管工作內容是什麼都一樣。但她真正最在行的，是操作大型機具。她不但熱愛操作大型機器設備，還做得極好。只要由她來操作大型器械，他們就比較少出意外。柯拉對此並不意外。還在軍隊服役的時候，她就駕駛各式不同種類的卡車。而且，她的紀錄完美——駕駛軍用卡車近十年，一次意外都沒發生過。

柯拉找上戈登，提出要求，希望多做這類自己熱愛的差事。戈登點頭答應，把她的「主要工作」改為操作大型機具。這麼做，不但有助於團隊的平衡，還進一步改善了公司的生產力！此外，柯拉興奮極了。除了一份自己熱愛的工作任務外，她這下還獲得了夢想中的「主要工作」。

你能幫上什麼忙呢？平衡，講的是把合適的角色安排給合適的人；還有，**你**要用適當的方法做適合你的事。那麼，你愛做什麼差事呢？哪些工作又是你避之唯恐不及的？告訴你的主管，在你的工作任務當中，你熱愛、喜歡的是什麼部分，無感、厭惡的又是什麼部分？上班時，人人都得做自己不喜歡的事，有時還得做好長一段時間。目標不是要讓你處在舒適圈，做自己愛做的事；而是讓你挑戰自己所長、給你機會成長，同時持續不斷地找到方法，讓你能做更多自己熱愛的事。

自動發條系統實務

1. 進行全公司的工時分析，確認「生產執行」約佔80％。公司的資源一有增減的情況時，你就要注意「生產執行」是否仍維持在80％的理想佔比。
2. 評估你的團隊，找出他們最具優勢的才能與特質。接著，評估你的企業每天一定得完成的十項最重要日常工作任務。然後，把你員工的最佳特質，還有最需要那些特質的工作任務，配對起來。

平衡你的團隊，是一個持續不斷的過程，沒辦法三十分鐘或一天之內就搞定。本章的練習會協助你達成團隊的平衡。每週訂一個公司目標，好好執行，然後評估你的數據資料，確認你找到合適的人，擔任合適的角色，以適當的比例，執行合適的任務，恰當完事。

第 10 章

找出瓶頸，加以突破

掌握企業的核心功能，以此檢視哪裡出了問題，以及該從何處著手解決。

你是否曾經覺得，自己大小事都處理了，卻什麼都不奏效？假如你投注許多努力後，卻沒有得到自己想要的結果，那麼通常有兩種可能的原因：你搞錯要處理的問題了，或者你一次處理太多問題了。

想像一下阻塞的排水管吧。如果有好幾處阻塞，你想清水管，就只能按照順序一次處理一個阻塞處。你不能跳過第一個阻塞處，從第二個阻塞處下手。就算你真的可以這麼做，第一個問題依然存在，你也不會知道自己是不是清除了第二個阻塞處。還有，你不能一次清除兩個阻塞處，除非你把水管拆成一截一截的，之後再全部重建。相較於重建你的企業，處理企業的阻塞處，顯然是比較好的選項。你要一次突破一個瓶頸。

說到底，所有的企業都是製造商。這也包含你的企業在內。我們都從未經加工的商品下手（或者對服務型企業來說，是未經加工的點子），把它們組裝起來，做出某種終端產品。製造商要順利完成一連串次序有別的步驟，才能製作出那些商品。簡而言之，我們有許多可以向製造商借鏡之處——尤其是它們的製造效率。我和Viable Vision這家擅長幫助企業提升製造效率的公司的創辦人凱文．福克斯（Kevin Fox）交情很好。我們聊到如何找出企業瓶頸（哪些方面發展變慢）時，他分享了幾則很有說服力的故事。

「就用一套衡量標準啊」，凱文解釋道，「不一定得是那種會在經理辦公室的平板顯示器上顯示閃爍數字的酷炫電腦系統啦。事實上，我會建議用簡單的衡量標準，就是無須用到計算或電腦的演算法，而且你當下就能看得到、評估得了的東西。」

我們用衡量標準，來找出你的企業無法有效率的運作，是受了什麼問題的阻礙，被什麼東西堵塞了。這就好像醫生在檢測你的脈搏，假如在正常的範圍內，就沒什麼好擔心的。不過，如果事情出現了不該出現的情況，你就要採用那個指標，進一步調查問題。你會希望掌握大概的情況。你的衡量標準要簡單易懂，這麼一來，它們就會像生命跡象一樣，反映你企業的健康狀況。

簡單的衡量標準，讓我想到了「奧坎剃刀」（Occam's razor）的概念——比較簡單的解釋，往往是比較好的解釋。衡量，就是針對現狀作解釋。讓你的衡量標準簡而易懂，它們就會針對現狀，產生簡而易懂的解釋。

凱文講到這個的時候，我心裡馬上想到的是Kmart（美國連鎖超市）的藍燈特賣活動（blue light specials）。藍燈一閃，大家就擠到特價品的貨架前。沒想到，我的聯想還沒差太遠。凱文說，過去曾經有一家汽車保險桿製造商，花錢請Viable Vision幫忙提升他們公司的效率。凱文和他的團隊去了那家製造商，要找出該公司發展停滯的瓶頸何在。果不其然，焊接站前面有成堆的閒置存貨。同理，你企業的瓶頸也會這樣顯現出來。在瓶頸前面，會有成堆的閒置物。而時間就一點一滴浪費掉了。

面對成堆的汽車保險桿，凱文查了一下它們等著要進行的下一個步驟是什麼——保險桿焊接。那就是瓶頸。他發現自己幾乎都沒看到焊接時會產生的獨特藍光。接著，他簡單地觀察了一番。他還發現，焊接工會走到累積成堆的保險桿那裡，把零件搬過來放在夾具上，動手點焊、把零件固定在該固定的地方，然後（而且只有在這個時候）才會點燃焊槍，把所有的東西都焊接起來。然後，他們就會清除零件，把它們搬到成品區，接著再從頭重複這個流程。整體而言，焊工們真正花在焊接的時間，大約佔工時的10%。這麼說來，焊槍的藍光也只出現（你猜得沒錯）10%的時間。

焊工們的「主要工作」就是焊接。從看不到藍光這一點，就能清楚得知焊工們的「主要工作」沒有被當成第一要務。事實上，他們做自己「主要工作」的時間也只有（你又猜對了）10%而已。

要解決這個問題，凱文只要僱用幾位青少年當裝配工即可。這些人的工作是搬運零件，替焊工們備料。裝配工會把零件搬給焊工，把它們放在夾具上。然後，裝配工會把完成的零件再搬到成品區。裝配工做這件事的時候，焊工會進行點焊的工作，然後點燃焊槍，開始幹活兒。閃爍的藍光出現了。搬完成品之後，裝配工再回到等著焊接的零件旁。他們會把夾具上的零件組裝起來（夾具上有底輪），接著用推的把保險桿所需的零件推送去給焊工。這時，焊工已經完成另一個保險桿了。裝配工會準備好新的夾具，將完成的保險桿推出去。焊工再次開始焊接的工作，藍光又再次閃爍。而且，接連不斷。

有了這個解決方法，這下子，保險桿開始以光速順利通過先前製造鏈裡最弱的一環。幾天不到，成堆的零件消失了，而且幾乎再也沒有成堆閒置的情況。整個企業能以前所未有的速度生產保險桿。神奇的不只是解方而已，而是衡量標準。這個標準真的很簡單——如果凱文看到藍光持續不斷地閃，就表示突破了瓶頸，運作流暢。但假如藍光一停（不管停多久）或者不如以往那樣頻繁出現，就是暗示有問題了。

先是凱文，隨後是這家工廠的老闆，用了一個簡單到不行但又有用到離譜的衡量標準：藍光有沒有在閃？你也應該要以衡量標準越簡單越好為目標。你希望能藉此衡量企業運作是否順利流暢。如此而已。如果企業運作不流暢，那這套衡量標準的任務，只是要讓你知道出現問題了。假如出現了問題，各位高手，你的任務就是調查問題是什麼，加以解決。藍光在閃嗎？一切都很好。藍光不常出現？那就在暗示你，該找出問題了。

衡量標準通常是數字。也可以是二元組合（「是／否」或「開／關」）、健康指標（紅色＝差，黃色＝普通，綠色＝好），或者也可能是其他的東西。話說回來，衡量標準一定都是可量測且可比較的。一套衡量標準會決定期望值，當這套衡量標準要衡量的實際事件比期望值高或低的時候，就意味著該要調查情況，可能需要解方才行了。

想一想車子的儀表板。你開車的時候，要檢查各種不同的儀表，確保一切相當正常。只要瞄一下，兩秒不到你就可以分辨自己有沒有開太快、引擎有沒有過熱，或者油有沒有太少。這些全部都是可能問題的簡單指標，暗示你必須採取行動了。

如果你車開得太快（這聽起來可能是你的開車風格哪，各位急驚風們），就得放開油門。假如你的引擎過熱，你可以停到路邊，檢查你的冷卻液夠不夠。（或者，如果你跟我一樣、對車子相對沒概念的話，也可以停到路邊，一邊跳下車一邊心想自己的引擎著火了，然後再由道路救援的人告訴你，那不過是熱氣而已。這真的發生在我身上過。）如果車子的油太少了，你可以到下一站加滿油。沒有儀表板上的工具，你就可能因為超速被攔下來、眼睜睜看著你的引擎冒煙（真的），或是被困在在鳥不生蛋的地方了。

同樣的道理，在企業經營上也成立。有衡量標準的儀表板，會讓你看見自己企業裡各個關鍵部分的運作情況。假如出了什麼問題，你就可以很快地檢查你企業的健康狀況，必要的話，做些調整。當你儀表板上的衡量標準都顯示一切正常，你就可以專注發展企業的未來，無須擔心日常運作。那是最美妙的事了——因為那就是你用自動駕駛模式賺錢的時候啦。沒錯，真的有這麼回事。我說的，可不是一堆深夜資訊型廣告向你掛保證的那種「被動收入」。我說的是，只要用你目前工時的一小部分，就可以經營你熱愛的事業，賺進更多你過去覺得不可能掙得了的錢，還分分秒秒樂在其中。

釐清「女王蜂角色」，確立衡量標準

還記得莉薩．邱克的故事嗎？她在老公派駐期間，開了Anytime Fitness連鎖健身房。莉薩二年級的時候就創業了。她會設計著色紙給班上同學，一本賣一美元。雖然莉薩天生就是創業家，但她一開始涉足健身業的時候，也發生過我們再熟悉不過的事情。當時的她和一家名列《財星》百大企業的公司簽了合約，開發他們的皮拉提斯和瑜珈課程，不過，儘管投注了大量的時間，也有成功的成果，但她卻幾乎沒賺到什麼錢。後來，莉薩決定相信自己的直覺、孤注一擲，跟當時還很年輕的連鎖健身房企業Anytime Fitness買下三個經銷區。這回她不打算一個禮拜工作八十個小時。完全不要。她一建立好每個據點，投入營運後，就打算盡量減少工作量。

莉薩開第一家健身房連鎖店時，她六個月大的兒子還在用學步車緊跟在媽媽屁股後面。接著她又開了兩家店。然後再開兩家店。這聽來根本不可思議吧，不過，她可超會應用我們第一章裡討論過的帕金森定律呢。先生派駐期間，她卻接下了越來越多的事業。她既然沒有時間工作，就只能讓企業為她工作了。各位曉得的，就向自動發條系統那樣。

你們或許還記得，她所有的健身房都不位於她當時居住的州，儘管有這樣的艱鉅挑戰（**咳咳**，我是說「機會」啦，**咳咳**），莉薩還是堅持下來了。她有一套嚴密的策略，涵蓋了經營企業的方方面面，還有一套追蹤進展的系統——關於這點，我待會就會提到。

幾年不到，莉薩的五個經營據點的年營收有好幾百萬美元——而她通通都在家裡經營管理，每個禮拜工作不到五個小時。是的，我到現在還是對這個數字讚嘆不已！說幾次都不為過。我現在就再說一次：莉薩通常會在一個據點待上一個月左右，完成準備工作，不過，一旦建立完成、投入營運，她就只要花一**個禮拜五小時**的時間，經營管理**全部的五家據點**。她和她的丈夫賣掉了他們的健身房，如今，莉薩利用自己經營健身房連鎖店時研發並改良的方法，在協助創業人士們讓自己的企業成長。

我和莉薩通電話時，她馬上就分享了自己如何建立出儀表板，以便「自動」經營自己的事業。莉薩利用的是……注意聽囉……仔細聽囉……儀表板**還有**數據鑽取法。她的儀表板是一份報表，會調出全部五個據點裡每一位身兼業務角色的員工自行輸入的數據資料。每個禮拜，無論分店的總經理、個人教練經理或是負責自己業績的教練，通通都會輸入數據資料，全部匯進同一份報告裡。

從這份每週的報表，可以看到好幾個和健身房會員數相關的重要衡量標準：新的業績、續約數、取消數，以及各種情況的會員凍結。這份報表也會追蹤記錄日常的活動，例如預約的數量、來電的數量、上門客的數量。最後，這份報表也追蹤記錄了每個據點的銷售成交百分比。不僅簡單易讀，還可以輕鬆地找出什麼有效、什麼無用——這完全就是儀表板的目的。

「那真是一份很有效用的報表」，莉薩如此告訴我，「但卻只要花五分鐘瀏覽即可，因為上頭有透露情況如何的主要衡量標準（精確地說，總共七個）。然後，我就可以深入鑽研任何一個點出問題的指標。此外，我的區經理會檢視每週的衡量標準，待週一開例會時，她會報告自己在每週的數據裡觀察到什麼。」也就是說，莉薩不是一整個禮拜都盯著她的儀表板，而是由她的區經理在追蹤。莉薩每個禮拜只花幾分鐘看看每週的儀表板摘要。從那樣的資訊中，她就可以分辨自己是否有什麼地方需要改善。

「我會和六位核心團隊的成員開週一例會——時至今日，雖然我們賣掉了這些企業，但我還是以顧問的身分跟他們開會。我會傾聽他們對於發生了什麼有何看法，然後加以指導，給予鼓勵。根據季度，我可能會跟他們開第二次會，但絕對不會超過半小時。就是個簡單的數據回顧。數字不會騙人」，莉薩如此解釋道。「開會時，區經理會說明數據背後的情況。她可能會說：『我知道數字走下坡，不過，布蘭妮（Brittany）的先生剛剛調派了，所以，現在的情況就是那樣。』」

如此一來，莉薩就能分辨數字往下是否出於某個暫時的情況，例如員工在消化先生遭到調派的壓力，抑或這些衡量標準暗指的是更重大的問題，需要處理才行。數據鑽取法會提供她更多的細節，協助她做出這些判斷。

「月底時，我會拿到一份大規模的衡量標準報表，方便我進行數據鑽取。除了具備關鍵指標的儀表板之外，我每個月還會進一步深入鑽研這所有的數據」，莉薩說明道。「那就是一份非常簡單的報表。其中一行是我們整年度的各個預期目標。下一行是這些相同目標去年的數字表現。再下一行是目前那些目標達成的情況。我們可以看出自己的起始點，按照規劃未來的走向如何，下個月預期要達到什麼，還有當前執行的真正情況。」

「比方說，我可以看一下去年七月的耗損，然後跟今年七月的狀況比比看，判斷我們要做何調整，讓衡量標準更接近我們的預期」，莉薩接著說道。「當你在為你的企業訂定目標與預期成果時，這些改變，很多都是要視情況而定的——尤其當你的團隊也一併在成長的時候，更是如此。你或許會碰到員工走了或什麼東西沒了的情況。數據的改變可能很迅速，這個儀表板能讓我顧看整個大局。」

別忘了，莉薩只有在一開始的時候待在健身房的實際所在地，但她就是在營運成形的那幾個禮拜裡，確保了所有人都能明白「女王蜂角色」及其實現之法。「對於我希望健身房未來的模樣為何，我有一個遠大的願景，我知道，我得在我的團隊心中激發出那個願景」，莉薩說道。她也成功讓現存的會員以及社群人士們，都能了解他們健身房的「女王蜂角色」。還有，不意外地，她把「女王蜂角色」當成徵人的依據。空有嚴格管理公司的能力，但卻是個渾球，這樣的健身房經理，對他們來說毫無助益。願意盡自己一切所能完成絕佳的客戶服務，但有時卻不太能保持事情的運作順暢，這樣的經理，倒是可以接受。「女王蜂角色」一定是第一優先。

如果莉薩不清楚自己的「女王蜂角色」，也沒有訓練她的團隊實現那個「女王蜂角色」呢？如果她的客戶們沒有感受到那個「女王蜂角色」帶來的好處呢？還有，假如她沒有一個牢靠的儀表板，讓她隨時都能了解情況呢？她還有辦法身處外州、一個禮拜只工作五個小時，就能管理經營她的企業嗎？想都別想！更何況，讓莉薩向前的背後動力，是自己一心要改變病態肥胖率的熱誠；而讓她個人志向得以實現的，是從會員那兒聽來的成功瘦身故事——就算她離這些健身房據點很遠也沒關係。

吸引、轉換、交付、收款

有四個元素，如同鎖鏈上的環，存在於所有的企業裡，只不過順序不見得都一樣就是了；它們分別是「吸引」（Attract）、「轉換」（Convert）、「交付」（Deliver）、「收款」（Collect），簡稱為ACDC。拼法就跟著名搖滾樂團一樣（但沒有閃電標誌），而且還跟那個樂團一樣，都超棒的。

不管你是商業教練還是洗車場老闆，或這兩者間的任何一種職業，你的企業要維持運作，就一定得完成四個重要的步驟。商業教練帶進潛在的顧客（吸引），把他們變成顧客（轉換），提供指導的服務（交付），然後獲得工作報酬（收款）。洗車場會讓人開車來（吸引），要求某種等級的洗車服務（轉換）、付錢洗車（收款），然後把車開進洗車機裡讓車場洗車（交付）。你的企業會招來的對象，是對你們有興趣的人（吸引），他們會成為付費（收款）的顧客（轉換），而你們則提供他們服務或產品（交付）。

1. **吸引**。所有企業都需要吸引潛在顧客，或是對它們有興趣的人，前來詢問與打聽它們的產品或服務。這些對你們有興趣的人，會促進銷售。沒有對你們感興趣的人，你的銷售就會枯竭，因為你沒有可以賣東西的對象。
2. **轉換**。銷售活動的目標，就是要把對你們感興趣的人**轉換**成付費的顧客。就算有超級多人對你們感興趣，只要你不能將這些人轉換成銷售額的話，你的企業就會因為沒有差事可做而消失。
3. **交付**。這指的是透過什麼流程與服務，你才能好好履行自己承諾要賣顧客的東西。假如你沒有交付顧客購買的東西，他們就會自尋出路——有時透過取消訂單、有時要求退款，還可能到處說你

圖表11：ACDC模型

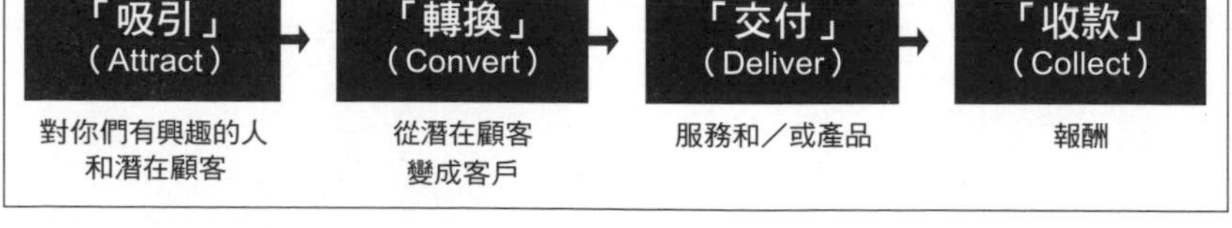

們多爛。實現不了是嗎？那你就沒辦法繼續經營了。

4. **收款**。假如顧客沒有履行他們要付錢給你的承諾，那你問題就大了。如果你不收取自己工作的報酬或無法留住那筆錢（例如顧客把錢要回去或你搞砸了），那麼你的企業就會因為沒有錢而消失。

ＡＣＤＣ模型：企業的核心四功能

這是任何一種企業的四個核心功能。你一定得讓它們全都發揮良好才行。還有，優秀的企業領導人都會玩「打地鼠」的遊戲，不過他們不是抓冒頭的地鼠打，而是找到「瓶頸」，加以突破；所以，等我們一開始玩同樣的「打地鼠」遊戲時，你就要不斷地評估與處理這四個領域裡的一切大小事。幾乎所有的企業都會按照相同的順序，循著這條ＡＣＤＣ可預測的永續發展之路前進。

話說回來，還是有一些獨特的案例。例如，有的企業做事「純碰運氣」，也就是說，在潛在顧客都還沒成為顧客之前，他們就已經完成可交付的成果了。在這種情況下，流程就會是ＡＤＣＣ。

收款可以視為接近「萬用王牌」的概念。舉例來說：你可能連工作（可交付的成果）都還沒開始就收到錢了。只不過，即便你開始做工作前就已經收款，在你還沒實現對客戶的承諾之前，錢都還不算是你的。假如你沒能交付成果，顧客有可能要求你返還他們的錢。你知道的，他們會告你，然後把錢要回去。出於這個原因，我才會用這種順序排列這四大類別，這也說明了為何你每一個類別都起碼需要一種衡量標準。透過這樣的方法，你才能看出客戶在你企業裡的流向狀態。

讓我透過自己用在「Profit First Professionals」（PFP）團隊上的儀表板，為各位說明。

1. **吸引**。針對這方面，你可以用多少人完成了某個特定的動作，當成衡量標準。如果是一個線上的訓練課程，那衡量標準可以是多少人給了你們電子郵件信箱，換取你們提供的免費意見。對企業間的交易來說，衡量標準可以是多少人徵詢了提案。以PFP而言，我們採取的衡量標準是多少人在網站上填完了一開始的申請表。[1] 如果一天有三個人填妥申請表的話，那就相當於一年會有一千份出頭的申請表（一天三份，乘以三百六十五天）。一有人填完送出，我們就視其為對我們感興趣的對象。填表的人比較少的話，就表示有問題了。此時，這個衡量標準告訴我們的，並不是我們的表格沒效，雖然那也可能是問題所在。它告訴我們的是，填表的人變少表示我們有**某種**問題必須處理，進而導致我們加以調查和解決。這就好像你的引擎故障燈一亮，你就會知道你需要找人診斷檢查了一樣。可能根本沒什麼（例如電線鬆脫），也可能是大問題（變速箱壞了）。當我們發現，我們的衡量標準不及一天三份申請表的預期目標時，我們就會問自己：「為什麼沒有多一點人填申請表？」答案可能是因為我們的網站故障了，或者因為大家沒上我們的網站而是打電話給我們，也可能是因為我們的「女王蜂角色」（PFP的通訊功能）出了問題，另一邊沒有任何東西流出，這就意味著我們需要找到瓶頸，好好處理堵塞了。

2. **轉換**。在這些被歸類為對我們感興趣的人之中，有多少人三個月之內就加入成為新會員——這就是我們衡量將人轉換成銷售額的標準。這就是個簡單的百分比而已：我們希望有33%的轉換率，這樣的話一年就會帶來三百六十個左右的新會員。話雖如此，但我們並沒有把所有的潛在顧客都一視同仁（你們懂我的意思）。雖然這些人都對我們感興趣，但是，有的人是非常合適的顧客，有的人根本只是還在挑選觀望，有的人還在創業之初、不適合我們的課程等等。我們在季度會議上會提出以下的質性討論：怎麼把訊息傳達得更清楚、如何讓更符合資格的人對我們感興趣、如何改善銷售，才能

1 作者注：我們後來用要求支付小額訂金的方式改善了這個做法。如此一來，潛在顧客就會自我選擇。真正感興趣而且也做了功課的人，就會繳訂金，排到隊伍的前面。還在東挑西選階段的人，都不會付訂金，所以，在我們的「轉換」過程裡，他們不會是我們優先考量的對象。

更快地區別出非常適合的顧客跟不適合的顧客。雖然這些衡量標準只不過是儀表板上的性能指標，但我們會更深入探究，做出效果更好的決定（你們也應該如此）。這個衡量標準的運作方式是，我們會知道，假如我們一個月跟一百個人談，卻只有十個人成為會員的話，那八成就有什麼不對勁的地方了（只有10%，而不是33%）。同樣的道理，如果這一百人當中有八十個人成為會員，可能也有什麼地方不對勁（儘管這個數字聽起來太了不起啦）。這個衡量標準透露的，不過是情況有無與我們期待有別之處。碰到這種情況時，就要調查。[2]遠超過我們33%的轉換目標嗎？那我們會問自己：「我們的銷售怎麼了？是不是我們引進的新定價結構沒有發揮作用？我們聘僱了新的銷售團隊成員嗎？對我們感興趣的人的品質是否有變？」我們還會回頭向上溯源。既然在轉換率之前的，是對我們感興趣的人，那麼要是轉換率出現了危險訊號，我們會問自己：「從衡量標準看來，在對我們感興趣的人那方面，是否也出現了衰退？」如果真是如此，那問題可能就是對我們感興趣的人，我們就從那裡開始調查。

3. **交付**。你有沒有交付不負顧客所望（或更優質）的東西？對部分的企業而言，有無實現可交付成果的最佳指標，就是顧客們有沒有一再回購（留存率）。另一個指標則是顧客大說特說自己的經驗，口耳相傳之下，你們就獲得了額外的曝光率。或許你會用不同的標準，像是有沒有人抱怨之類的。拿高速公路上的休息站打比方吧。雖然我肯定這種事情一定發生過，但我想應該不太有人會在貼文這麼寫吧：「我剛剛在有史以來最棒的休息站撒了泡尿」或「你們真的得來看看那些小便斗裡的除味劑。棒、極、了！」真的有人對休息站有意見的話，通常都是抱怨。所以啦，抱怨越少越好。

在PFP，我們用已完成的里程碑來衡量我們的可交付成果。其中一個里程碑是授證。這是因為我知道，會員們在Profit First上通過檢定，就表示他們已經透過PFP完成了一連串的訓練，而且訓練有素地通過了那個考試。我曉得獲得證書的人已經精通了自己企業的流程，也準備好服務客戶了。我們的衡量標準是，報名後六個月之內，有多少人完成了授證檢定。我們希望以97%為標準。雖然我們很想以百分之百為標準，但那並不切實際（總會有意料外的事情發生，例如重大的人生事件）。以百分之百為目標，就表示我們會一直不斷處在有危險訊號的情況下。噢，不，我們又沒達到百分之百了，怎麼回

2 作者注：有時候，就算這些衡量標準每一個的判讀方式都沒變，還是會有問題。你的銷售轉換率雖然維持在33%，但你一個月卻只成交一個會員。那就意味著問題可能出在對你企業感興趣的人身上，因為（你想得沒錯）當月只有三個人對你的企業感興趣。但情況可能更糟。可能你預期對自己企業感興趣的人一個都沒少，銷售轉換率也全都達到了，但搞不好新客戶根本留都留不住。像這樣的問題，有可能會在留存率的衡量標準（也就是顯示流動率的衡量標準）上出現，但問題或許出在對你企業感興趣的人的素質。也就是說，雖然有的時候問題會出現在其他地方（留存率），但成因卻不在那兒（就這個例子而言，是「對你企業感興趣的人」）。屋頂的維修工作可以作為我們的借鏡。即使水是從牆壁漏進屋子裡的，屋頂上的洞卻可能在完全不一樣的地方。有時候，問題會在出現之前，四處流竄。

事呢？由於這根本無法達到，我們就永遠都實現不了目標，這意味著我們會開始不把它當一回事。

在此我們學到的教訓是：別用夢幻的數字當衡量標準，要將衡量標準訂成切合實際的指標。在我寫作的當下，我們會員授證方面的衡量標準大約是90％左右。這個數字低於目標的97％，我知道，這表示會員們有可能在某種程度上沒有那麼認真投入。我們是不是沒盡好協助的角色，還是他們失去興趣了呢？我需要弄清楚，因為我確定最起碼那少掉的7％是投入程度不足或準備不夠，或需要我們額外照顧才能跟上進度的人。

4. **收款**。跟著我說：現金是我企業的命脈。來，再說一次：現金是我企業的命脈。雖然現金是最重要的，但也是最受每個小型企業忽視的一部分。你可能連一個好客戶都沒有、你的服務可能很糟糕，還有，你可能完全沒概念要怎麼生出對你們企業感興趣的人，但如果你有大把大把的鈔票，你的企業就活得下去。在我們公司，我們看的是每個月有多少百分比的會員未付款。如果超過3％的話，我們就有問題要處理了。只要我們可以降低這個百分比（而且我們發現，提供年繳的方案就能達到效果），我們就是在提供企業維持運作所需的金錢。在你的企業裡，現金流（或不流）的情況如何？訂出你可以用來估量企業健康狀況的衡量標準。你企業的生命，就靠它了。

5. **女王蜂角色**。PFP的「一定說到做到的承諾」是這樣的：我們是能將會計師、簿記員還有教練等職業，從合規工作（也就是替客戶解決問題）轉變成諮詢工作（透過策略指導，協助客戶獲利）的最佳方法。「女王蜂角色」則是由我們的指導團隊一對一提供輔導。儘管通過Profit First的檢定授證是關鍵部分之一，但是，如果此前都沒有這麼做過的話，要以顧問的身分拿出全新能力和你的客戶共事，是不容易的。這就好像從自己踢足球轉換成指導別人踢球一樣。那可是截然不同的技能。

我們衡量「女王蜂角色」的標準很簡單：由我們的團隊成員和客戶們一起執行。我們的指導團隊會針對「如何利用Profit First」進行諮詢工作，提供我們的會員（客戶）所需的特定指導。在我們的指導下，會員們習得與現存客戶用電話諮商、討論Profit First，以及全面執行獲利評估與分配的方法。然而，除非他們獲得實戰經驗，否則一切都只是理論而已。有鑑於此，我們的團隊會追蹤會員的執行情況。這是因為做了才會進步、獲得改善。

隨著我們公司成長，「女王蜂角色」的活動也跟著一起成長。我們有了更多的指導人員提供指導。而且我們會員的公司，有的甚至還成長到，他們自己就有獲得PFP授證的團隊，在內部運作。他們也用與我們相同的標準衡量「女王蜂角色」，追蹤自己內部的Profit First團隊員工們，活動執行到什麼地步。這意味著我們帶來的影響越來越大。話說回來，假如這個衡量「女王蜂角色」的標準指出我們有問題的話，我們就會立刻回頭，加以解決。

這四個核心領域——「吸引」、「轉換」、「交付」與「收款」（ACDC），連同「女王蜂角色」一起，都成了你儀表板上的量測標準。你的第一步，就是先判別自己要怎麼衡量這五個領域的發展（或者沒有發展）的情況，同時分別訂出目標。執行衡量標準時，不要過了頭，因為五個以上的衡量標準可能會讓人招架不了。太多表盤與工具，會讓人難以察覺事情不對勁的情況，這完全有違儀表板的目的。

你可以把這想成值夜班的保全人員。保全可以盯著六個不同的螢幕，輕易地發現最細微的動靜。但假如給那個保全看六百個螢幕的話，你可以肯定他一定會漏看什麼東西。在所有的電影裡，壞人能通過監看螢幕的保全人員，一定都是因為保全要看太多天殺的螢幕，再不然就是被壞人剛朝著走廊丟的金屬物所造成的「可疑聲響」轉移了注意力。（這招還真是屢試不爽。）儀表板會讓你成為自己企業的保全人員，因此，你必須監看的螢幕越少越好。還有，看在老天爺的份上，不要再上「走廊有聲響」的當了——那一定是圈套。

當企業運作得太有效率

安德魯・強森（Andrew Johnson）和自己的兄弟姊妹接下了他們的家族企業，一家位於堪薩斯州雷內克薩（Lenexa）的實體貨品經銷公司O-Ring。接手當時，他們設定了一個自己稱為「15－15－15」的優化目標。這個目標的意思是用十五人的團隊，以及區區一萬五千平方英尺的倉儲空間，創造每年一千五百萬美元的營收。為了達到這些目標，他們在自家企業的方方面面，都必須極為有效率。

「結果就變成內部效率的相互較勁大賽」，我為了寫這本書而訪問安德魯的時候，他是這麼告訴我的。

競賽的效果挺好。事實上，效果太好。O-Ring一收到訂單，揀選員就會拾起籃子，走到貨品走道，挑起貨品，寄送出去。由於安德魯和他的兄弟姐妹們先設定好了「15－15－15」的目標，所以，他們想出的因應策略和創新手法，是本來沒有那些條件限制下或許想不到的。他們打造出新的購物車，上頭還裝配了用汽車電池、微型電腦與螢幕還有掃描棒組成的揀選系統。他們的速度因此比從前快上許多，如今的侷限不過是購物車（咳咳，人）的速度而已。

他們每天都會察看他們的衡量標準。他們更加賣力。他們更深入探究數據資料的意義。他們就快要達到自己設定的目標了。當時他們有十七位員工，用的倉儲空間大約為一萬八千平方英尺，營收為一千四百萬美元。結果，就在那個時候，瑕疵開始出現了。推購物車的揀選員們速度無法再更快了。由於速度有限，所以他們想跟上優化過的新系統時，根本招架不住。他們會出錯。儘管他們需要休息，但公司的優化目標不允許他們停下腳步。體力透支的揀選員們會對彼此大發脾氣。

「我可以到倉儲區去、開始施壓，叫大家再賣力一點，但我明白要達到並維持『15–15–15』的目標，人力資本會遭逢相當大的耗損」，安德魯說道。「大家會發瘋的。員工們會辭職不幹。傷害會非常大。我們需要更有標準規格的方法才行，因為人員是我們最大的資產。假如因為我們是一心只想達到某個遠大數字目標的狂熱分子，結果卻失去了超棒的員工，那我們就是笨蛋。他們會發瘋，是因為瘋的是我們。」

安德魯和自己的兄弟姊妹們都知道，雖然效率會推動獲利，但卻可能過頭。員工可以是齒輪的潤滑劑，你若失去了好的員工，那麼無論你的齒輪運轉得多快，終將燒毀，停止運轉。要是人員沒有把事做好、或者根本沒人手的話，好的系統也會失效。諷刺的是，如果有優質的人手，價值甚微的系統倒還能勉強撐下去。

一次檢查一個標準

我們很容易會以為，一家企業隨時都會同時存在著好幾個瓶頸，但是就瓶頸的本質而言，只會有一個。想像一個中間部位縮進去的沙漏吧。現在，想像一下在這個沙漏上加三處縮進去的部位，而且縮進去的程度大小不一。那麼，無論這個沙漏最窄的瓶頸處在哪裡，沙子都會積在那個地方。那個地方，就是其他一切的瓶頸了。假如每個縮進去的部分都一樣大的話（真實生活裡基本上絕對沒有這種情況），那麼，第一個縮進去的部分就是瓶頸所在。只要瓶頸一開，下一個流速最慢的地方就會出現，成為新瓶頸。瓶頸一定都只有一個。只是會移來移去罷了。

突破瓶頸「很容易」，不是嗎？只要用力硬擠就好了。你已經賣力得不得了，蠟燭兩頭燒，所以天殺的最好要有成果才行。不過事實是，努力只有專注在對的事情上，才會有效。我就認識一個傢伙，他曾經將大把努力用在不對的事情上，而且還常常同時在好幾件不對的事情上努力。（我不會透露名字的，不過，這傢伙的名字可能和派克．皮卡洛維茲〔Pike Pichalowicz〕押韻。）這就是我寫《下一個，先解決這個》（*Fix This Next*）的原因，目的就是要幫助企業主判別接下來自己要處理的那件**對**的事。

想找出你的「那件對的事」，你就必須查看跟ACDC有關的各個衡量標準。問問自己：

你對每一個衡量標準的預期目標為何，還有，你要怎麼做，才能解決目前對整個系統造成最大阻礙的問題。

我著手寫這本書第一版的那年夏天，我家的除草機壞了。當時那台機器開始時不時運轉不順，而且，它只是輕輕地搧著草，並沒有割草——不過是把草吹得搖來擺去。我到車棚去，打算一次搞定這台怪獸，結果才一動手，馬上就犯了大罪。我試著要同時解決所有的可能原因。我清理了汽化器、換了空氣濾芯、換了機油、把刀片磨利、還補了燃油——一次就把這些所有的事都做了。然後，我試著啟動引擎。這次，機器運轉得更糟。

由於我付出的努力沒有一項解決了這個問題，所以我準備好要來個終極的引擎大修理。我幫除草機換了新的皮帶、新的火星塞，還用清潔劑沖洗了引擎。果不其然，還是沒效。我花了兩天的時間修理這台除草機，最後還是把它帶去讓店家看看。三十分鐘後，他們就修好了。那問題是什麼呢？因為汽化器受損了，而且八成是我搞的。（我既不承認也不否認自己把汽化器那個他X蓋不回去的蓋子硬塞回去。）原本的問題可能是空氣濾芯堵住了。儘管我修好了濾芯的問題，但我同時也「修理了」其他的東西，而事實上，這麼做還導致了新的問題，而我卻誤將新問題認定為一開始的問題。

我的重點是：當你為了解決一個問題而同時處理很多事，實際上你可能解決了問題，也可能沒有解決問題，而且，你不但不會知道問題已經獲得解決，也不清楚問題的成因為何。解方就是一次處理一件事，看看那樣做有沒有解決問題。先從最有可能的事下手測試，然後再測試下一個可能的事。

你的企業的儀表板，就是很好的指標，告訴你接下來得調查、搞不好還要處理的是什麼。有時候，東西就是會不靈，發生這種情況時，你得一次調（修理）一個儀表看看。

拿銷售來當例子說明吧。假設你發現你們的銷售額大降。你發現對你們感興趣的人，數量上沒有太大變化，真要說的話還不減反增，但銷售團隊成交量卻少很多。你先前才聘了新銷售員，對方一切還在上手階段；你發現他們大家夥兒的業績遠低於你的預期。於是你出馬要解決這件事。但是，你一次卻想調整太多個儀表：你給了新人新的銷售腳本，要他照做。為了讓新人早點有實戰經驗，你提供他許多對你們公司感興趣的人，團隊其餘的成員要處理的對象都沒那麼多。你沒有從團隊中有經驗的人裡挑出一位來訓練新手，而是一次找了兩個人培訓他，希望他會因此學到更多知識。有了這些處理，業績肯定會提高吧。可是，業績卻掉更多。怎麼會這樣？是銷售腳本出了問題？是這個新手一次要應付的對公司有興趣的對象太多？還是這個銷售人員碰到兩個同事同時盯著他的一舉一動，因此嚇到了呢？

我們倒帶重來吧。這一回，一次調整一個儀表就好。這個新人一來，業績就變差了。你推斷這大概和兩件事情有關。你從顯而易見的事（銷售腳本）下手，而且，只調整這個儀表。你把腳本改成簡單一點的版本。接下來，你靜觀其變。業績沒有提升也沒有變差。於是，你回頭採用先前的銷售腳本，把儀表調回原本的設定，然後改而處理下一個儀表。由於你認為這跟訓練有關，所以你試著找兩名銷售人員跟那個新手合作看看。業績雖然和之前一樣都沒有增加，可這回卻掉得又急又快。真是耐人尋味啊。你找出了一個對業績有負面影響的儀表。這下子，你要調查這奇怪的現象。

你恢復只讓一名銷售人員指導那位新手，這時業績雖然有增加，可是跟以往的平均業績比還是差。然後你試了一個異想天開的點子：把銷售指導人員的角色整個去掉。這麼一做，業績又重回正常了。好離奇啊。如今你知道造成問題的原因究竟是什麼了，你接著深入調查。結果，你發現你的銷售指導人員跟新手合作時，會耽誤他們自己的時間，該打的電話沒打。來電找這些銷售指導人員的潛在客戶，要等啊等地，才有辦法等到回覆。有鑑於此，你把指導的工作改到下班後，然後利用技術手段（電話錄音）改善指導方式。這下子，你最棒的銷售人員屢屢成交，然後，下班時再跟新手細細解說自己和客戶的這些電話錄音內容。你猜怎麼著？業績扶搖直上啦。

當你在某一個類別的儀表上發現問題時，那個問題有時候可能發源於另一個類別。舉例來說，收款的難題在於有些人還沒真正做工作，客戶就先付款了。雖然這算美事一件，但是，如果你的企業有現金流的問題，那這真的算收款方面的難題嗎？你查看儀表板的時候，或許會發現你們的業績下滑，但同時，對你們公司有興趣的人，完全達到了該項的衡量標準。那麼，這可能是什麼意思呢？也許是因為你們要求有意上門的顧客一開始就要付款，所以沒有人買。該怎麼解決？一次測試一個儀表。試試看移除一開始就要付款的規定，靜觀變化。如果一切恢復正常，你就找到成因了。不過，假如這麼做沒有解決問題，這時，重點來了——要恢復一開始就要付款的規定，再試下一個解決方法。你必須要單獨測試每一個儀表，方可找出原因。

倘若某個結果會受到很多事情的影響，同時改變這些事情，就可能會模糊掉解方。利用A／B測試（A/B testing）的技巧。先試試看A接著再試試B，然後比較。的確，你可以用更精密的方式測試，但一旦你發現自己不確定因果關係的時候，你就難以有自信地發揮解決問題的能力。按照順序調整儀表，直到你找到成因為止；把每個單一的儀表都調整過之後，再考慮自己是不是可能碰到了需要調整多個儀表才可解決問題的情況，然後調整多個儀表。

上一段的最後一句話特別重要。企業複雜難搞得很。你碰到的因果關係，有可能不是一對一的因果關係。結果有可能同時受到多種因素的影響。然而，想同時嘗試好幾種解決方式的組合找出解方，真的非常耗時。從常見的可能成因和最簡單的測試下手。假如顯而易見、簡單、快速而且毫不勞民傷財的處理方式沒有帶來解方，你就不得不調整多個儀表了。

一次處理一個問題，而且處理時一次調整一個儀表，這感覺起來要花好多時間。既然如此，大家肯定都想問：「到底能不能一次處理一件以上的事情呢？」如果我們在分析的，是好幾種儀表都可能影響結果的特定情況，那答案往往是「不能」。你要處理一個問題，一定要一次調整一個儀表。話說回來，如果你的公司面對的是各自獨立的問題，而儀表對應了不同的結果，那你就可以同時調整好幾個儀表了。一定要從最重要的瓶頸先處理，如果你有能力同時處理其他各自獨立的瓶頸時，才能這麼做。

舉例而言，假設我判定目前最重要的瓶頸是「轉換」方面的問題，於是我想試著調整的儀表是「重新找上過去那些沒有轉換為客戶的潛在顧客」。我同時可能還有另一個「交付」方面的瓶頸：客戶們得花時間等待，才能跟我們的執行專員通上話，於是，我想試著調整另一個儀表——「把一對一的執行討論改成小組式討論」。那些儀表各自相異，而且影響有別，所以我可以試著同時調整它們。這種特殊的可能情況，就曾發生在我自己的企業裡，而我們具備足夠的人員與能力，可以同時調整這兩個儀表。每一個也都改善了各自的特定結果。

另一種可以調整好幾個儀表的情況是，你已經知道問題，也知道解決方法。這就是大家常說的那種「我是過來人」的情況。最近，我們公司合作的銀行突然沒有按往例「自動轉帳」——這是與Profit First相關的執行措施之一。這種情況時不時就會發生。在從前，這意味著密碼過期了，處理銀行沒辦法完成交易。後來，或許是出於預防措施，不然就是因為系統有程式錯誤，他們會斷開轉帳帳號的連結，將帳號鎖死。所以，我們要調整的儀表盤就是：設定新密碼、解鎖帳號，然後重新連結帳號。噢，對了，還有第四步——我的助理艾琳·查佐特得在電話線上等到天荒地老，終於接通之時，告訴銀行經理這是五年來我們第五次要打電話反映這個問題了。由於我們的訴求似乎也沒有讓問題獲得解決，所以，（說話不會客氣的）艾琳上一次跟他們講電話時叫他們提供銀行董事長的郵寄地址，我們會「送」一本《發條法則》給他們，特別讓他們讀讀這則收錄的故事。

我知道，這聽起來好像有很多儀表要調整，你或許會質疑，當自己的企業有什麼部分需要調整時，自己有沒有辨識的能力，不過，你沒問題的。你**有能力**。

◆

二〇一八年時，我父親的健康出了問題，把我們家的人都嚇個半死。趕著送醫之際，救護人員立刻在他身上裝了某種量測重要生命跡象的機器。他們監測了我父親的脈搏、血壓以及體溫。雖然這些都不是我父親迫切的問題，但它們對生命而言是關鍵指標，因此要被監測。我父親的症狀是：極度虛弱、缺水、有幻覺；透過這些症狀，會診斷出他的「瓶頸」。他們認為可能是中風或是尿道感染（這些病會顯現在年長者身上的症狀，跟我父親當時經歷的一樣）。檢測結果顯示為尿道感染，於是他就要用抗生素。設定好衡量標準後，我父親的健康會妥當無虞地恢復，只是速度緩慢而已。而且這些衡量標準還讓我們知道，隨著尿道感染復原，他的健康也會跟著變好。兩週後，我們大家一起慶祝了我爸的九十歲大壽，他還能一口氣吹掉所有的蠟燭。假如沒有設定好衡量標準的話，我無法想像後果會有多麼可怕。

只要你訂定了明確的「女王蜂角色」，而且還有專注用心的團隊，使命必達、持續不斷地實現「女王蜂角色」的話，那麼，你就可以透過由簡單的衡量標準組成的儀表板，監測你的企業的健康狀況。你必須有數字，告知自己企業的四個核心組成部分正常的預期結果為何：「吸引」（對你企業感興趣的人）、「轉換」（銷售業績）、「交付」（你承諾辦到的事）、「收款」（客戶承諾付出什麼）。數字不會騙人。不過，數字也不會告訴你全貌。衡量標準一出現警示，你就要採取行動，進行調查。最終你可以完全放手，用數字管理自己的企業。隨著你讓自己的企業成長之時，你還可以感受到快樂與滿足。就算一個禮拜只工作幾個小時也一樣。

寫給員工：柯拉的故事

柯拉從事的工作屬於ACDC的「交付」（D）領域。雖然如今的她操作大型機具，但還是要負責居家與自然的整合工作。儘管她的差事已經改變了，她的工作會對環境造成的影響還是一樣，而這會左右「吸引」（A）與「轉換」（C）這兩個領域。所以，她會定期和銷售團隊開會，告訴他們，公司有什麼可以用的新技術、可以做的新工作。銷售團隊有了這樣的知識，就更有能力把產品賣給賈伯特福公司的顧客。這麼一來，即便她並不從事公司的「吸引」或「轉換」兩大領域，透過分享公司最新的技能，也會影響這兩個部分的經營。

柯拉也會積極聆聽。行銷和銷售團隊會分享他們當前在做些什麼，讓她可以因此改善工作的交付情況。某次開會的時候，某位行銷人員提到，有個客戶詢問賈伯特福公司有沒有使用高壓水挖系統（hydro-excavation system）。他們沒有這樣的技術。柯拉馬上逮住這個機會，研究了一下高壓水挖，然後向凱文和戈登提出一份報告，請他們研議。她認為，對於大型的挖掘案來說，那可能是最能保全環境的方式，可以取代滑移裝載機上的鏟刀。這種在ＡＣＤＣ鍊上下游能通暢無阻的自由溝通，不但確保他們會實現「一定說到做到的承諾」，還保證他們的企業一定會不斷地進步。

你能幫上什麼忙呢？首先，你要知道你的「主要工作」屬於ＡＣＤＣ的哪個部分。有時候一看就知道。例如，假設你是銷售人員的話，那你就是為「轉換」領域服務。有時候則沒這麼一目了然。例如，假設你負責幫公司產品的包裝寫文案，由於你的目標是吸引零售買家的注意力，你可能會想，自己的工作隸屬於「吸引」領域。但那個文案的目的也是為了讓買家掏錢購買，這麼說來，你的工作也可能屬於「轉換」領域。再說了，同樣的文案也包含產品的使用說明，所以，我也可以說你的工作屬於「交付」領域。也許這三個都是答案，但只有一個是最重要的。當你有所疑慮時，就找人聊聊吧——這是我從我媽那裡學來的。想要釐清你服務的是ＡＣＤＣ的哪一個部分，就找你的主管聊聊。

一旦清楚曉得自己的工作隸屬ＡＣＤＣ鍊的哪個領域，你就要跟服務其他領域的人建立良好關係，讓他們了解你的操作方式。當你們理解彼此的工作流程與經營手段，就可以協助彼此產出更棒的成果。

知道自己服務的是ACDC鍊中的哪個（或哪些）領域時，你就要監測流暢度。流暢度有無減緩或變快的情況？出現這些改變時，你注意到什麼？能不能改變什麼，來提高效率？一邊做自己的工作，一邊問問自己這些問題。然後，跟領導階層一起想想，你能不能促成改善。

嘿，假如你積極主動地把公司變好，也許你就讓自己更有價值呢。搞不好就是這樣哪。

自動發條系統實務

現在就花二十分鐘，決定你想用哪些核心的衡量標準，打造屬於自己的儀表板。記住：簡單即可；要追蹤太多東西太難了。用你的智慧型手機設定鬧鐘或計時二十分鐘，開始訂出那些核心的衡量標準——也就是最能衡量出你企業的健康狀況的那幾件事。

最理想的衡量標準，一定會包含可以衡量「女王蜂角色」的方法，而且也能評估你在ACDC四大領域裡找出的瓶頸（可能不只一個）。你認為自己能做什麼關鍵的事，提升ＡＣＤＣ鍊的流暢度？找出那些衡量標準，評估一段時間內的進展情況。ＡＣＤＣ鍊出現問題的時候，你認為自己的企業在哪一方面會最危險？你想要改善的是企業的什麼部分？決定你要用什麼衡量標準，幫助自己監測這些事。

目前的你，還在垂死掙扎，或者想要引進專家幫你完全設計出一個會自行運作、**像自動發條一樣運作**的企業嗎？如果你想知道我們可以怎麼幫你的話，就上runlikeclockwork.com一窺究竟吧」。

第 11 章

休四週的假

做好事前準備，按部就班完成這件事，
你的企業從此就能自行運作了。

「從現在算起，兩年後，我和我的家人就會住在義大利了。我們會坐在眺望羅馬的公寓陽台上，啜飲著檸檬酒。」

當大家只是形式上地輪流報告自己會前的近況時，克雷格・雷丁頓（Gred Redington）對著我們的事業策劃小組如此宣布道。他這席話，引起了大家的注意。我們都沒想過會聽到這樣的話。要是我們有人問起「最近有啥好事嗎？」，通常得到的答案不外乎是這三種：「沒哪，沒什麼新鮮事」、「都挺好」，不然就是「我的（請自行填上身體部位）莫名其妙會痛耶」。但義大利？蛤？什麼跟什麼？

一開始我們以為克雷格在開玩笑，他只是隨口說說。等我們發現他句句當真時，大家都嚇了一大跳。

「克雷格，你是說**那個義大利**嗎？那個形狀像靴子的國家？還是你是說你住的地方出現一個新的『小義大利』區？」我開口問他，腦子還是難以想像克雷格要離開自己那在紐澤西州蓬勃發展中的事業，從此搬到另一個國家住。就算不是從此住在那兒，起碼也會住得夠久，久到他都宣布羅馬會是他的新家鄉，而且自己最喜歡早上去萬神殿（Pantheon）那兒喝咖啡了。

克雷格是REDCOM的創辦人，那是一家服務紐約州和紐澤西州的商用營造管理公司。他已經讓自己的企業成長為規模可觀的公司，年營收有兩千五百萬美元。雖然他非常樂在工作中，但他的企業還是無法不依賴他。克雷格希望生活不只是這樣而已，也想要自己在生活裡能有更多時間。他希望可以不再服務於「女王蜂角色」。

克雷格的天賦就是一絲不茍的態度。你可以從他的裝束、家裡的樣子，甚至是他說話的方式看出這一點。他很獨特。為人非常注重細節，凡事要求精準。REDCOM公司就是以過分精細出名的。在這個產業裡，營造出錯、重做、隨時都可能變卦的情況是家常便飯，REDCOM公司「一定說到做到的承諾」是，他們會將案子從頭到尾好好完成。他們從來都是毫無差錯地建出了不起的建築。你懂的，就像萬神殿那樣，只不過在紐澤西就是了。但是直到這個節骨眼，克雷格還是在服務「營造期間要每天仔細檢查」的「女王蜂角色」。將自己的企業打造成自行運作的企業的最後一步，就是他得抽身，不再為之賣命。而且，他想用這種華麗轉身的方式，完成這最後一步、實現自己長久以來的夢想。

我們事業策劃小組的其他成員抓著克雷格，要他再多說一點細節，他說自己想帶家人一起搬到義大利羅馬一年。為了這麼做，他堅持完成打造「自動發條」企業的最後一個階段。他讓自己從企業中抽身，完全讓公司自行運作。這一做，結果驚人。兩年後，克雷格從義大利回來，他的企業如今規模加倍，年營收為五千萬美元，團隊也是過去的兩倍大。

那就是我努力要達成的目標，也是我懇請大家要努力達成的目標。不是數字，而是擁有你可以離開自己的企業、還能讓它繼續向前進步的那種自由。你們已經朝著那個方向邁開好大一步了。你們在滿足自己的「頂尖客戶」、「一定說到做到的承諾」還有「女王蜂角色」方面，已經「校準」了自己的公司。還把那樣的明確認知，整合進企業的日常運作當中，以便公司上上下下都以保護並服務「女王蜂角色」為第一要務，然後再專注於各自的「主要工作」上；你和你的團隊有了一個更理想的4D模型，也已經針對各個工作任務，實施了「捨棄」、「移轉」、「削減」還有「珍藏」；你擁有各種「擷取下來的」做事方法，讓每一個人隨時都有能力插手、接下任何一項工作任務。還有，在「加速」的階段裡，你也已經平衡了你的團隊，同時辨別出自己的瓶頸何在，並加以處理突破。但願你已經開始看到企業效率有所提升。現在，你已經心思平靜，也發展出各套系統。哎呀，光靠把這本書讀完，你就遠遠領先大部分的創業人士啦。那麼，現在我們也該做「加速」階段的最後一步了：排定你刻意安排的干擾——放四週的假。記住：這可不只是為了讓你暫別企業、放個你非常需要的假而已；這是因為你的企業亟需脫離你的控制，與你暫別。

你辦得到。我保證你一定辦得到。當然，也許當你跟別人說你有此計畫時，有些人會以為你在開玩笑。你的朋友們搞不好會潑你冷水；也許他們出於一堆理由沒辦法放四週的假，所以他們忌妒。你的家人因為擔心錢的問題，可能會強力反對。你的同事們可能對此持負面意見，他們不相信企業主有辦法放四個禮拜的假，也不認為企業主值得這麼做。還有，你肯定會聽到自己腦海裡那個總是否定這個、懷疑那個的「老朋友」說你辦不到；你的心裡會發出負面的聲音，對你說「你辦不到啦」、「這成不了啦」。沒關係。根據我自己的經驗，別人潑你冷水還有你內心的挑剔，通常都是一種徵兆，表示你當下所做的事，挑戰了主張事情必須按照既定做法完成的懶人預設心態。你當然要好好處理家人對錢的顧慮，他們才能享受這個假期（**咳咳**，要讀《**獲利優先**》啦，**咳咳**），不過，其他人你就可以忽略了。你已經讓系統上線運作了，如今，就要獲得回報啦。

你可能會因為不確定自己要幹嘛而害怕休四週的假。你已經被制約到有空的每分每秒都用來「生產執行」，搞不好連有閒是什麼感覺你都記不得了。如果你沒有在工作的話，那你是誰？事實上，一部分的你還是在解決公司的事情。你終於有了思考的空間。離開公司、放手之後（不僅人不在，也不遠端線上遙控），休息夠了，你的心思就會自動開始制定謀略。洗個五分鐘的澡時靈光一現的那些短暫時刻，搖身一變，成了編織偉大想法的四個禮拜。即便你四個禮拜都坐在後院盯著松鼠看，你和你的企業也還是會變好。說到底，如果你的企業在你不參與的情況下還有能力靠自己（甚至還可以成長）的話，待你回去之時，經營你的企業會有多容易啊？（答案：超級容易。無敵容易。宇宙容易。）

回來後，你也不需要把那個假期就這麼忘了。克雷格就沒這樣。在羅馬住了兩年之後，他好難離開義大利。所以等他回公司時，他也一定要帶著一小部分的義大利回來。不，我不是說檸檬酒。克雷格帶回來一台飛雅特500（Fiat Cinguecento）。這台傳奇的迷你車就停在他公司的「專屬車庫」，可以展示，也可以隨時開出去。春暖時節，他會找一天開出去兜兜風。當然啦，不是繞遍整個城市，只是在「小義大利區」遛遛。

那麼，回來後，他在自己企業的工作情況又如何呢？克雷格是否樂意回來服務「女王蜂角色」呢？事實上，他很開心。這就是「自動發條系統」的魔力所在。你沒有被迫放下你的企業；你離開是因為你被釋放了。這意味著你可以自由做自己開心從事的工作。克雷格查看工地每天的進展狀況，監督講求精細的建案，做這些事，讓他過得好極了。從住在義大利的夢想當中回到現實的他，只做自己想做的事。克雷格已然變成他們公司的「專門球員」[1]。他不再急驚風式地趕場「解決事情」。他的公司靠自己就運作良好，他可以自由地做自己最擅長也最喜愛的事。而且，成果還更為驚人。

為什麼是四週？

我在書的開頭就解釋過，幾乎所有的公司都會在四週內歷經一個完整的商業週期。也就是說，大部分的企業會完成公司ACDC所有四個階段的活動：「吸引」、「轉換」、「交付」以及「收款」。如果你查看公司上一整個月的情況，可能會發現你們在吸引客戶方面下了功夫。也許是另一個客戶介紹了誰，或者你登了廣告、在某場會議上演講、對外宣布了什麼、有人來瀏覽你的網站，或是以上種種的組合。在過去四週裡，你的企業也可能想辦法要把潛在的客戶轉換為新客戶。也許是透過電話行銷，在網站上設置「立即購買」的選項，或你要求自動寄送電子郵件推廣產品。簡單來說就是你試著要說服別人跟你買東西（希望你有成功）。在過去的四週期間，你或許在解決客戶的案子或是創造了某種產品，或者寄送貨品；你試著要根據的客戶要求，交付一部分的東西或完整的東西。還有，過去四個禮拜裡，你管理了現金流；也許你付出了點錢，也賺進了點錢（但願如此）。

在四週的週期裡，大部分的企業也會經歷大小不等的內部問題與挑戰——你們團隊成員間的人際衝突啦、某種該死的疫情啦、技術故障啦、有人忘了做什麼事啦，或是有人雖然記得要做什麼事、但可惜搞錯了要做的事。而且，在那四個禮拜期間，你可能也要處理外部的問題，例如：抱怨連連的顧客，競爭對手有新產品問世，或是金融交易出錯、供應商沒有做到答應你們的事……等等。

在我們的公司，每個員工每年都會休（連續）四週的假。身為老闆，我一開始超怕那麼長一段時間少了哪個重要員工。見證成果之後，我就不怕了。團隊裡的每個成員都會彼此掩護。相較於競爭對手，我們人力更精簡也更穩固。而且，我本來就忠誠又了不起的團隊，甚至更加投入，希望公司成功。

---

1 譯注：specialty player，在美式足球中用以稱呼本身有明確特質足以擔任明確位置的球員。

當你（或團隊裡的任何一個成員）要離開公司四個禮拜，你的公司每天要面對的所有大小事，可能絕大多數依然會發生，因此，你一定得想辦法在缺席的情況下，讓公司依舊完成要做的事，解決該解決的問題。假使你只是不在幾天而已，你的團隊往往可以等你回來再解決問題。然而，如果你不在幾個禮拜的話，企業就被迫要靠自己了。而如果你的企業能靠自己度過四個禮拜的話，你就知道你已經實現了一個「自動發條化」的企業。你可以在公司的門上貼張合格的「自動發條系統」許可，這下子，如果你想的話，你就可以自由脫離困境，永遠不用回鍋。

警告：訂好明年連續休四週的假，可能會造成恐慌症發作、噁心想吐，還有自言自語的結果。這感覺起來可能會讓人怕到根本做不下去。正因如此，你要放放看縮小版的測試假。也許先從排三天的假下手，然後變一個禮拜，之後變兩個禮拜，逐步實施。

讓我們測試測試你的企業，讓你離開辦公室，幫你「閃人」吧。

信任你的團隊

你有幾次會在度假時（而且只是過個週末而已），確認團隊碰到緊急情況時，一定會有辦法聯絡上你呢？八成每次離開個幾天以上你就會這麼做吧。搞不好只是幾個小時。或只是去上個廁所。你這麼做，就是在告訴你的團隊，他們沒辦法（也不應該）自己處理緊急情況。如果你對此深信不疑，那就是你沒有幫他們做好準備的結果。你尚未自動發條化自己的企業。

蕾絲麗・里翁達斯（Leslie Liondas）放一個禮拜的測試假才不到幾天，德州就遭到冬季風暴烏里（Uri）襲擊。那場不幸的風暴危及德州的電力網，造成全州大多數地區停電了好幾天。蕾絲麗和她的企業合夥人都在度假，沒有使用電子產品，她們的團隊要想辦法出幾十個客戶的薪資單——而且，還是在停電的情況下。

「我們公司位在休士頓以南，緊鄰墨西哥灣」，蕾絲麗這麼跟我說。「我們從來都沒看過雪。」

二〇二一年二月那場詭異的暴風雪，重創了德州和鄰近的幾個州。一切都停擺，很多人陷入恐慌。沒有人能完成工作。不錯，因為她們多年來都在自動發條化自己的公司，所以，蕾絲麗的五個員工知道該做什麼。就連負責行銷的員工都立刻採取了行動。

由於電力網壞了，德州輪流供電。兩個小時的供電時間一開始，負責行銷的員工就馬上開車到公司，在電力再次中斷之前，盡可能地處理薪資單。還有一個團隊成員成功在她的車上處理了某個大客戶的薪資單。

「我們的客戶從來沒碰過我們的系統出現任何問題」，蕾絲麗說道。「我們甚至連一通電話都沒有接到。沒有客戶問『嘿，我的薪資單沒問題吧？』他們就是認定我們會處理好，一切都會沒事。」

果不其然，同一個地區的其他會計師事務所都難以完成它們對客戶的職責——有些人沒有拿到錢。有些薪資機構的老闆必須自己想辦法完成客戶委託的工作，因為他們的團隊不是無法進公司，就是必須陪自己的孩子。蕾絲麗的員工們也有孩子，而且也難以進公司，但他們卻一起合作，解決了這個問題。

蕾絲麗說：「因為他們處理好了這件事，而且還一起合作，他們覺得自己更有自主能力了。因為大家一起經歷了這個危機，彼此似乎更加親近了。」

如果你已經自動發條化自己的團隊，那就相信他們，放手讓他們處理——不只是日常的營運，連緊急情況也是。就連德州史上最嚴重的冰風暴，都無法將他們打倒呢。

真的度假去吧

多年來我都深思著，該如何離開自己的企業。不管我在做「生產執行」的工作，幫別人針對工作「判斷決策」、「委派授權」差事，還是「規劃設計」任務，我都老是覺得自己被企業困住了。我深信我「人就是得在那兒」。在第一章我就曾分享過，即使在為數不多的度假期間，我也不是真的在「休假」——我人或許不在，卻還是保持聯繫。我一天會聯絡公司好幾次。我會不斷地查看電子郵件。我會「偷溜」去打電話給客戶，寫提案，反正就是工作就對了。然後，有一天，我意外學會了怎麼度個真正的假，一場切斷你與公司之間聯繫的假，會讓你的企業得靠自己活下去。

因為我去了一趟緬因州（Maine）。

話說，緬因州有很多地方就算去了，還是可以跟你的企業保持聯繫。但我們選擇的那個地方呢，不在此列。我訂了一個在緬因州湖山區的全包式營地，叫格蘭特的肯納貝戈營地（Grant's Kennebago Camps）。由於我在繁忙的工作行程裡硬是要排假，匆忙之中，沒有好好地讀一讀營地的網站內容。我看到「三餐全包」的介紹。看到美麗的湖景。看到其他家庭臉上掛著大大微笑划船玩樂的照片。

我沒注意到的是，在那些照片裡，爸爸、媽媽連同他們的孩子們，都穿著迷彩服。

抵達營地後，我們很快地發現，我把家庭假期訂在一處漁獵營地。這個營地唯一跟「家庭」有關的是，露營的人們是來獵「鹿的家庭」。

我們與外界完全失聯——沒有手機、沒有電視、什麼都沒有。我們唯一搜尋得到的廣播電台是加拿大的廣播電台。而且是法語廣播。

第一天，我在排毒——遠離持續不斷的聯繫。**沒有我，我的企業會不會死**？第二天，我開始分析自己的選項。**我可以每天開車進城確認公司情況**。離我們最近的小鎮要開一個小時才會到，我當時認真地考慮要開來回兩小時的車確認工作的狀況。**或者，我可以就這麼跟我的家人好好享受相處的時光。完完整整的時光**。到了第三天，我內心平靜，樂在度假。

我相信你們並不意外——我的企業沒有完蛋。我的團隊有沒有碰上問題呢？當然有。他們有沒有靠自己解決問題呢？有，有些有解決。至於他們沒有解決的那些問題，他們爭取了時間，等我回來的時候解決。他們表現良好，不負我們顧客的期待——也就是說，儘管他們的確碰到了問題，但顧客曉得自己的問題有人在處理。

結果我們一家人度過了最美好的時光。我們打水漂、健走、在湖上划船來去。我們還看到鵝和麋鹿！那次度假，讓我們印象深刻到當場就決定，要用麋鹿當我們家的吉祥物。雖然我們的第一印象覺得，麋鹿看起來有點傻（「傻」，肯定是我們家的信條），但麋鹿同時也強大有力而穩重。

如今，回想起那個改變人生的假期，我是那麼開心地記得每一件事。其中包含「被蝙蝠攻擊」、「被水蛭襲擊」、「龍蝦死而復活」的趣事——我和克莉絲塔會很樂意邊吃晚飯邊說給大家聽。那些趣事的點點滴滴，我倆歷歷在目。至於我因為度假所以沒做的那些日常工作是什麼呢？我一點也不記得。事實上，當時我的企業在做什麼新的案子，我一個也不記得。但我卻記得一個恍然大悟的時刻。那時，坐在搖椅上盯著日落西山的我，突然明白，大多數公司採用的傳統金字塔型組織結構，正是造成決策失當的根本原因——雖然本意恰恰相反。在那之後，我多年來都在思考一個新的概念，還付諸測試，將來我會在書裡分享。

撰寫本書第一版時，我剛好在規劃自己的四週假期，我想到的第一件事就是，要怎麼確保自己跟公司斷絕聯繫。我得防範自己會找藉口「與公司聯繫」結果毀了測試的這種弱點。你在思考要去哪裡度假、想體驗什麼的時候，一定要想一想，你希望自己保持聯繫到什麼地步。我頭一回造訪澳洲的時候，跟我當時的團隊處在完全顛倒的時區，所以，我覺得自己聯繫全斷——就算我可以收發電子郵件，還能傳訊息與視訊對話。天啊，我真的利用那些科技把我的團隊煩死了，把事情搞得一團糟。你會不會需要選一個與工作聯繫的方式有限的地方，強迫自己斷了聯繫呢？搞不好喔。這可絕對有利。

依據你和自己所愛的人希望獲得哪一種經歷，而且要刻意與公司斷了聯繫，以此規劃你的假期。在放假期間好好地玩，你就不會想到工作的事，還有，不能和公司聯繫，能避免你向「與公司聯繫」的吸引力屈服，搞砸所有的事。

就算你是一人企業，也得現在就計畫你的四週假期，因為即使是一人，也可以找出方法，最起碼不要完全倚靠什麼事都讓老闆做的狀況。你可以給供應商自主的能力。你可以將流程和可交付的產品自動化。如今已有這樣的技術和轉包商，可以提高任何規模的企業的自主能力。

有些「一人執業企業」（single-practitioner business）會以為自己是一人營運（one-person operation）。這不一定也不應該成立。「一人執業企業」係指企業主會主動積極參與企業的方方面面，但並不意味著企業主什麼事都做。找供應商（例如網頁設計師或平面設計師），就是在「委派授權」。假如你有手機，你就是「委派授權」了一個系統為你管理通訊。

無論你真心覺得自己有多麼孤立無援，你都在不自覺的情況下利用其他的人了。現在，你可以把那樣的委派授權變成有意識的作為。問問自己，你做的哪些事是供應商也可以做的。下一個你可以選擇放手、找虛擬助理替你完成的工作任務是什麼？

開始把你手上的工作移轉出去。假如你不清楚從何下手，那就聘僱一名兼職的個人助理，協助你生活上任何方面的事，只要能幫你的企業創造更多時間就好。你的助理如果幫你預約看醫生的時間，幫你去學校接小孩，或者只是幫你買買咖啡——那全是你可以空下來為公司提供更好服務的時間。無關乎你的企業大小，營收多寡。僱用個人助理，可以讓每一個人在建立企業上大大獲益——就算你只能付得起一週幾個小時的工資也沒關係。

還有，如果你正好本身就是個人助理的話，你還是需要請一個個人助理。你不能自己當自己的助理。自動發條系統可不是那樣運作的呀。

四週的假期不必是什麼奢華之旅。你想去哪裡放假都行，在自己負擔得起的預算範圍內就好。只不過，你得達到幾個特定的目標：

1. 人不能進公司。
2. 不能與公司聯繫。就算你所在的地方有手機訊號和 Wi-Fi 也沒關係，還是有辦法可以斷開與公司的聯繫。提示：叫同事把你所有商務相關軟體的密碼都改了。等你回去工作時，可以再把密碼改回來。
3. 休假期間，從頭到尾放手讓你的企業在沒有你聯繫關照的情況下運作。你可以去緬因州（超棒的）或者你的婆婆／丈母娘家（我們委婉地說這可能不會比緬因州受歡迎好了）。話說回來，總有不大傷荷包的休假方式。你的企業需要你這麼做，它才有辦法成長。你需要這麼做，你才有辦法成長。

營運假及行前準備

規劃你的四週假期時，第一步，就是選一個從今天算起十八到二十四個月後的日期。是的，你可以早一點執行，六個月內就閃人。或者，你可以超快閃人，明天就走。只不過，那樣做的話，你可能沒有時間準備就是了。如果你把這四週的假期訂在一年多以後，你在這個自然年年度的同一個四週區間，可能就在工作，這點對有效規劃來說很重要。

一旦你訂好了日期非放不可，可能就會發現自己心態立刻丕變。一開始，你會有「噢，媽的，我到底幹了什麼啊？」的片刻感受。那是正常的。四十八小時內你就會恢復了。接著你會發現，你不再以超短期為關注重心，或者不再執著於當下緊急的事。那種「我要怎麼安然度過今天？」的想法，會轉變成「沒有我，要怎麼實現這個目標？」或是「要改變什麼，我的企業在這方面才會不依賴我也能運作？」

為了讓你的生活更容易一些，我已經把你在不同里程碑需要完成的任務，一一說明如下。這有助於你堅持到底，真的能去羅馬、緬因州或緬因州的羅馬（真的有這個地方喔），或是任何一個你想待上二十八天的地方。

還有十八個月——讓大家知道

1. 在日曆上標上你放假的日期。把接下來連續四個禮拜都空出來。**現在**邊讀就要邊這麼做。不要拖延。你的自由和你公司的成功就靠這個舉動啦。
2. 把你的假期告訴你的家人、你所愛的人還有那些會要你承擔責任的人——特別是如果他們會跟你一起去的話！他們會向你施壓。

3. 要是你還沒跟大家宣布你是自己企業的股東，那就趁這個機會宣布。從此你就用這個新的頭銜，而且還要有相應的作為，拿出股東的樣子。在本書一開始時，我就要求過各位，要寄一封主旨為「我是股東！」的電子郵件給我。假如你還沒做的話，現在就做（我的信箱是Mike@MikeMichalowicz.com）。還有，無論如何，此後只要有人問起你是做什麼的，你都要回答「我是一家小型企業的股東。」這麼做，一開始你可能會覺得尷尬，不過，我們會遵從自己的身分認同。這個身分上的轉變終將成真，而你會名符其實地少做生產執行的差事、多執行規劃設計的任務。

還有十七個月——進行工時分析

1. 進行你自己工作的「工時分析」。最起碼追蹤記錄並分析你在「典型的」一整個工作週裡的工時。完成其他以你為對象的「自動發條系統」練習。

還有十四個月——告知你的團隊

1. 告訴你的團隊，你一定會放四週的假。向他們解釋你為何要這麼做，還有你希望達成什麼成果。告訴他們，你相信他們能「經營管理公司」。跟他們說明不倚賴企業主對企業的好處。
2. 鼓勵他們提出問題，說出顧慮。賦予他們自主能力，讓他們達到成果。（還記得企業成長的「委派授權」階段嗎？）
3. 請他們支援。讓他們清楚知道，你並不期望他們更努力工作。告訴他們，目標在於儘可能將企業自動化；且目標絕對不會推遲或延後，因為這麼做不會解決問題。在沒有你的情況下，讓問題現蹤，獲得處理——這才是目標。
    a. 容我建議，給每一位員工一本《發條法則》讀一讀。你們也都注意到了，本書每章都有一小節是專門寫給「自動發條系統」公司的員工看的。但他們還是應該讀（或聽）整本書，這樣才能更加了解這套系統、其運作方式，以及他們在達到極佳組織效率的轉變過程裡，扮演的角色為何。
4. 在團隊成員之間建立起更好的跨部門溝通。
    a. 企業裡的每一個角色，都要職責分明（誰是負責確保這個差事有好好完成的人？），且每個角色都要有一個備用負責人，在主要負責人無法處理時，擔起責任。

b. 每天都要開會。實體會議或線上會議都可以，但一定要開。檢查公司的重要績效衡量標準。請每個人分享自己前一天完成的重要大事，然後告訴大家他們今天要做的大事是什麼、那件事為何重要。接著，要他們讚美其他員工，順便分享一下個人近況。各位讀者可以在clockwork.life網站上看到我們公司每日例會的錄影檔。

還有十二個月——減少「生產執行」的工作

1. 和你的團隊開會，決定你不要再做的「生產執行」類工作是什麼。擬訂詳細的行動計畫，針對你所有的實務（包含你服務「女王蜂角色」的工作）執行「捨棄」、「移轉」、「削減」以及「珍藏」。
2. 既然他們已經有兩個月的時間好好研究「自動發條」系統，可以召集大家討論內容了。他們如果有所顧慮的話，擔心的是什麼？他們最迫不及待想實施的第一件事是什麼？他們有什麼想法？你的團隊該不該定期討論「自動發條系統」，檢查實施情況呢？
3. 要求你的團隊一一完成「自動發條系統」練習——如果你還沒這麼做的話。
4. 接下來的兩個月，你要堅持把自己的「生產執行」工作量減少到80%以下的工時佔比。「捨棄」、「移轉」、「削減」、「珍藏」。或許你「生產執行」工作量的工時佔比已經不到80%了，那很好。如果這樣的話，試著再減少10%，把時間用來做「規劃設計」的工作。

5. 務必安排替代你服務「女王蜂角色」的人選，這麼一來，你才不會是唯一一個滿足「女王蜂角色」的人。

6. 想像一下你的四週假期會對企業帶來什麼樣的影響。你預期自己不在的時候，會出現什麼問題？在沒有你的情況下，你的企業會運作得多順暢？

7. 如果你還沒預定假期的話，現在就做。訂房、付訂金、買票、告訴你的婆婆／丈母娘，因為你就要去她家了，可以開始準備做飯、訂購家裡大改造所需的材料——總之，完成能讓自己把假放好放滿的所有前置作業。朋友啊，這下子可沒有回頭路囉！

8. 你也可以尋求專業的協助，提升自己的組織效率。雖然有的人會加入健身房，靠著自己的意志努力，但有的人接受健身教練的指導（且教練會對此負責），成功率會比較高。你可以上runlikeclockwork.com找一位「健身教練」來指導你的企業，讓它能像——你知道的，自動發條一樣運作。

還剩十個月——進一步大砍「生產執行」的工作

1. 再針對自己重新執行一次「工時分析」。確認你的「生產執行」工時佔比低於80%，甚至更低。
2. 跟你的團隊開會，把你的「生產執行」工時佔比大砍到40%以下。盡你所能地將空出來的時間都用在「規劃設計」上。

還剩八個月——衡量進展情況並建立後援人員

1. 再次針對自己執行「工時分析」。確認你的「生產執行」工時佔比低於40%。
2. 在接下來的六天內，務必達到「生產執行」工時佔比0%的目標。
3. 跟你的團隊開會，規劃與衡量進展情況。
4. 幫每一個人找到後援人員，判別是否有冗餘的情況。

還剩六個月——進行測試

1. 休一週的假測試看看。找個沒有網路連線的地方去吧。或者，也可以待在家裡，進行模擬的切斷聯繫測試。反正就是不要進公司，也不要遠端連線。要做好產生戒斷症狀的心理準備，包含頭痛啦、莫名哭鬧啦、自言自語的狀況增加。話說回來，你應該也會體驗到豁然開朗的感覺，那種把你的企業當成企業看待、而不是當它是消防局的感覺。
2. 回去上班的第一天就召開團隊會議。回顧一下哪些做法發揮了作用，哪些無效。加以改善、處理、解決。
3. 確認四週假期的計畫。
4. 在還剩兩個月前，你就一定要把「判斷決策」和「委派授權」的工時佔比減少到5%，同時把「規劃設計」的工時佔比增加到95%。

還剩四個月——進行更多測試

1. 第一個禮拜：再休一週的測試假。整整七天都不要跟公司聯繫。雖然你和公司斷了聯絡，但你的腦子還是（偶爾）會想著公事。這就意味著你在轉變身分、成為真正的股東了。你應該會有些突破性的點子，想到要用什麼策略性的方式改善你的企業。

2. 第二個禮拜：回來上班一個禮拜。跟你的團隊開會，聽取簡報，在你的四週長假來臨前，處理障礙、解決難題。
3. 第三個禮拜：再休一週的測試假。不要跟公司聯繫。當然，你一定會想公事。利用這一週的測試假，在腦海裡想像看看自己可以實施的策略和做事方法。如此一來，屆時放四週的假，做足準備的你，就可以迎接深切的腦力思考（像瑜珈大師禪坐領悟出的那類東西）。
4. 第四個禮拜：再開一次會，聽取簡報，解決問題。

還剩兩個月——計劃如何完全不與公司聯絡

1. 再針對你自己，進行一次以兩個禮拜為分析區間的「工時分析」。確認你的「生產執行」工時佔比為0%。如果不是的話，就要立刻擬訂達成此一目標的計畫。
2. 計劃與自己的團隊完全不聯絡的情況。由誰負責監控你的電子郵件、社群媒體消息來源，以及其他的溝通平台呢？你離開時，他們必須更改這些密碼，務必要等你回來後，才能告訴你密碼。這麼一來，他們就可以管理你的帳號，而你則沒辦法使用這些平台。一石二鳥。

3. 由誰接管你的手機呢？如果到時候你手邊就有住宅電話的話（這種東西還存在嗎？），把那個市話號碼給你的團隊。不然，你也可以買一個四週的預付號碼，以備緊急聯絡之需。
4. 由誰掌握你的旅行行程呢——萬一真的有緊急情況發生，他們才會知道你人在哪、怎麼聯絡得上你？我講的「萬一」是生死存亡的情況——有人死了，或你的企業活不下去了才算。
5. 堅持做到「規劃設計」工時佔比為99%的目標。因為到頭來，你還是必須要跟團隊分享你的獨到想法，從而「委派授權」工作任務、為別人「判斷決策」，所以，沒有所謂「規劃設計」工時佔比為百分之百這回事。話說回來，我們的目標是盡可能地把其他類的工時佔比降到最低。

還剩一個月——觀察就好

1. 從旁觀察你的企業。你要對自己嚴格一點。確認自己沒有插手「生產執行」或「判斷決策」。你要當那個進公司觀察運作情況的股東（就算透過虛擬的方式也一樣）。你要去理解事情的運作方式，但不要設法解決。你要做的，是弄清楚公司裡大小事之間的連結。

2. 訂好你所有還沒完成的工作要達到什麼成果，然後將這些任務「委派授權」給指定員工。

3. 看看有沒有需要你處理釐清的事情。你不用處理這些事，而是把這些事情記錄下來即可。這之所以是個問題，是因為尚待處理的事，就是沒有被「捨棄」、「移轉」或「削減」的事。將這些尚待處理的事交給別人。

4. 假如有人要跟你一起放這四週的假，你可以提醒對方，讓他們滿心期待啦——距離你們的的四週假期只剩四個禮拜囉！

還剩一個禮拜——在公司裡放假

1. 放個假吧——在公司裡放個假。這麼做的目的，是完全不碰「生產執行」類的差事。這時的你，除非出於自願，否則完全不該有什麼時候該完成什麼的情況。這樣，你就會從眼裡只看到緊急的事，變成只專注於重要的事了。事實上，在這個節骨眼，你甚至連緊急的事都不用知道。除非出了什麼非常嚴重緊急的情況，否則，一切都應該由你的團隊應付才是。

2. 除了「規劃設計」類的工作之外，要是有什麼其他類的工作任務會花你的時間，就把它們都「委派授權」給你的團隊。這包含你私下想著，等自己有時間再來處理的大小事。你懂的，就是即便你花了所有的努力簡化流程、提升企業效率，卻還是覺得只有你才能處理的那種事。沒錯，我說的就是你。我懂你。我很了解你們，像了解自己的雙胞胎那樣清楚得很（我是說如果我真的有個雙胞胎手足的話）。各位朋友啊，我們可說是同樣的貨色。是時候放下最後一件事啦。

放營運假的前一天

1. 寄一封信給你的團隊——要不，咱高級一點，錄個影片吧。表達你對他們的工作的感謝。謝謝他們拿出領導力，接下這項挑戰。指出你們大家都將經歷的這個成長。然後，把控制權交給他們。也許你可以把「企業之鑰」送給你的團隊（就好像市長會把「市鑰」送出去那樣），紀念這一刻。

2. 叫你的助理（或者被你指定負責監看各個帳號的那個人）把你的電子郵件信箱、企業相關的社群媒體、還有其他所有帳號的密碼，通通改掉，這麼一來，就只有他們能看。

3. 快上車吧。你可要去度假呢！

休假期間

1. 靜心冥想。我不擅長傳統概念上的那種冥想。對我來說，一邊盤腿坐著還要一邊發出「唵」（om），有夠不舒服。但話說回來，我倒發現自己做白日夢或是想事情想到出神時，會忘我到連時間也不管了。雖然我不清楚這種情況什麼時候會發生，但我倒很清楚它們什麼時候絕對不會出現：就是我專注在工作上的時候。但假如我只是在放鬆、健行、騎腳踏車、坐在咖啡店裡、坐在三溫暖裡，或是沖澡沖很久的時候——那些醍醐灌頂的神奇時刻就會出現。**讓它們發生**。

2. 隨時準備一本記事本。隨時都要有。我有一本放得進我口袋大小的活頁記事本和一支筆。還有，我的電話可以錄製語音，我會用它錄下自己的想法和點子。放四週的假，不表示你不能錄下回公司上班後可以再聽或再讀的頓悟觀點或目標。

3. 經營有意義的關係。我們忙於工作時，最容易犧牲的就是跟自己所愛之人和朋友的相處時光，甚至連碰到有什麼可以和我們分享的陌生人的機會都錯過了。我們的步調太快，建立不出有意義的關係。既然你在休假，那就好好地聽一聽你所愛的人要說什麼話，停下來跟其他遊客、商家或是街頭藝人聊一聊。

4. 要拍照。雖然你八成會拍照，但我之所以把這個想當然耳的任務加進你休假期間待辦清單的原因是，你最起碼要有一張可以把這個四週假期經歷拿給人家看的紀念照片。為什麼呢？因為你放假回來後，就要把照片裱起來，掛在辦公室的牆上，讓你看到就能想起自己實現的一切——而且，還能鼓勵你往下一趟旅程邁進。

回公司之後

1. 回到公司後就安排隔天開會，聽取簡報，同時排好接下來四個禮拜每週一次的聽取簡報會議。你要做的就是聽簡報、加以改善、重新檢討、加以改善、重新檢討、加以改善……
2. 開會時你要評估，什麼做法發揮了效用，而什麼做法沒有。什麼符合了你的預期？出現了什麼意料外的挑戰？你離開之前忘了處理什麼？哪些方面需要改進？這四週的假，會把你沒有規劃到或沒有預料到的事放大。你要準備好解決並改善這些事。

3. 排定從現在算起十二個月後的下個四週假期。這會變成慣例。搞不好，你接下來會想放個更長的假：五十二週的假期。或者，也許你想挑戰極限：一輩子放假。

你會發現，從頭到尾，我都沒有說：「通知你的客戶你會離開公司四個禮拜。」最成功的事，就是你的顧客們說：「我都不知道你人不在耶。」當然啦，如果你所處的產業，是顧客會因為你人不在而面臨風險的產業，那你就應該告知他們。舉例來說：假如你是醫生，搞不好會有出了什麼緊急情況要找你的病人。或者，如果你有五十個會計客戶，而你在報稅季的最後四個禮拜人不在（假如你堅持這樣放的話，就太屌了），可能就要知會他們一聲，說明你打算怎麼處置這個情況。我自己是不想通知客戶的，而且我也不會設定「我在休假」的自動回覆，但話說回來，你應該用自己的專業判斷定奪。

當四個禮拜變成好幾個月

人生會發生什麼事，我們無力阻止。有時候，危機會逼得你我暫別自己的事業。有時候，這一別，比四週還長。艾莉克絲・碧登（Alex Beadon）的奶奶罹癌時，她放下一切，只為了確保奶奶在她的祖國千里達（Trinidad）接受最棒的醫療。身為碧登國際公司的創辦人，艾莉克絲前一年就啟動了「自動發條系統」的流程。碧登國際公司專門協助創業人士增加他們的Instagram追蹤人數，教他們怎麼讓帳號一發就有幾十萬的追蹤數。她把大部分的心力，都專注在擷取自己的點子和做事方式，讓團隊可以在沒有她的情況下，完成工作。由於她已經進行完這些步驟，才能夠搬回千里達，盡全心照顧奶奶。

「我完全從自己的企業中抽身——長達好幾個月」，艾莉克絲接受我為本書做的訪談時，如此告訴我。「雖然每隔幾個禮拜我會聯絡一下，但基本上我就不幹了。」

艾莉克絲有一個很棒的團隊。她說，假如她沒有自動發條化自己的公司，雖然離開公司去照顧奶奶，公司也還是能繼續營運下去，但後台會「一團亂」。何況，這麼一來她就得事業和照護工作兩邊忙，就好像一次有三份職業一樣——因為我們都曉得，當個創業人士，可不是每個禮拜四十個小時的活兒。

「我人在奶奶身邊的效果非常強大」，她補充道。「我奶奶對自己接下來的治療過程比較自在，也得到了所需的醫療照護。」

得知「自動發條系統」讓企業主有機會陪伴自己所愛的人，讓我感到非常窩心。話雖如此，你不必等到發生了醫療事件或危機時，才離開公司放長假。你可以因為自己想放長假就放長假。你的企業應該要滿足你，而不是你反過來滿足它。所以，不論你的目的是什麼，需要多少時間，就放吧，別有遺憾。或許，如果你生了孩子，會想放個育嬰長假。或許，你想學個新的技能或執行某件大事，所以想放學術休假。又或許，你想探索心靈，因此要放長假。一旦你把自己的企業「自動發條化」，就可以真正地體會按照自己的方式過生活的自由。這難道不是你一開始開公司的原因之一嗎？

◆

我們在第4章時首次提到North Star的潔希與瑪麗；多年以來，她們一直把度假的計畫延後再延後。實施了「自動發條系統」後，她們得以破天荒休四週的假。她倆把假期安排在同一個時段，如此一來，不但能真正地測試自己的企業，同時也讓她們的團隊經營公司時完全不會綁手綁腳。這麼做的另一個原因是，她們希望能規劃下一本兩人合著的小說。

等她們休完假後，我打了電話關心情況，潔希在電話那頭告訴我：「一開始前兩天，我們覺得這根本是大解放啊。但恐慌感接著就來了。多虧了我們排定好的所有有趣行程，讓我們分心，不想工作的事。雖然我們兩人從頭到尾都在一起，但我們真的不怎麼聊工作。」

潔希和瑪麗對她們的團隊很有信心。她們在放這個四週長假前，就測試過很多次一週或兩週的迷你假，而且每一次，她們都有制定一套標準作業流程。

「我們清楚，我們的團隊都知道該怎麼做」，潔希說道。「他們知道要做什麼。」

潔希說，雖然她倆對此已經夠興奮了，但她們的團隊比她倆還更興奮。「我們提早一年就讓他們知道了，他們曉得自己一步一步地在實現這個計畫，而且知道，這都是因為我們希望他們有做決定的自主能力。」

潔希和瑪麗回公司後發現，一切運作良好，她們的團隊都有效處理了所有的問題，公司甚至有了連她們都沒聽過的新客戶。

「這是讓我感受最棒的一次勝利了」，潔希說道。

就算你覺得除了你之外，沒人有能力做事，你還是可以把企業「自動發條」化。

就算你認為自己連一天假都沒時間放，何況是休四週的假，你還是可以把你的企業「自動發條」化。

就算你擔心自己休假時不知道如何自處，你還是可以把你的企業「自動發條」化。

動手開始就是了。今天就動手開始吧。

寫給員工：柯拉的故事

在賈伯特福公司，所有的員工都會放四週的假。每一個人都這樣。雖然這對員工而言是很棒的福利，不過，公司本身可能才是更大的受惠者。

柯拉在賈伯特福公司才要待滿一年，就已經把自己的四週假期計劃好了；她要來趟公路旅行，開車去探望之前在軍中同班的十個成員。為了準備好離開，她交叉培訓了其他的員工，當自己的後援。不只戈登知道怎麼操作器械，在柯拉的訓練之下，連賈莫（Jamal）和金（Kim）也都會。

公路旅行途中，柯拉在軍事基地看到了一個很酷的東西：一台電動的推土機。那台推土機不但安靜，也不製造廢氣。回到工作崗位上時，她跟戈登提了這件事，兩人還一起策劃出一個計畫。如今，賈伯特福公司的目標，是成為採用新型電動推土機的第一家私營公司。減少空氣和噪音汙染。

你能幫上什麼忙呢？最棒的員工才不會擔心被取代；最棒的員工會熱心地想教會其他人，怎麼做他們的「主要工作」和其他任務。你在準備自己的四週假期時（或者任何天數長短的假期），要擷取自己所有的做事方法，讓團隊上的任何一個人都能幫你做你的工作任務。休假期間，讓他們來做。你則完全不要跟公司聯繫，好好享受假期就好。一邊探索人生，一邊敞開心胸，去發掘精進自己、改進公司的新方法。回來上班後，記下你休假期間發生的任何問題。這些問題，就是你接下來需要系統化的部份了。

自動發條系統實務

我知道。我現在要求你們做的，是一件你在人生的這個節骨眼上，會覺得不太可能辦到的事。每天只睡四小時的你，要怎麼計劃四週的假期？當然，我希望能鼓勵你堅持說到做到，但過來人的我也曉得，更重要的，是做一個自己真的會兌現的承諾。既然如此，那就從小事做起吧。越小越好，這樣你就沒有理由找藉口了。

這些年來，有無數個創業人士和企業主，「幾乎」完全按照了「獲利優先」教的做法，他們的故事我聽多了。很多人沒有按整套系統執行。他們執行了最低限度的要求——每次存錢時，就把一小部分留下來當成獲利。即便這一個微不足道的小改變，也對他們的企業帶來了重大的影響。這影響大到，好多人曾壓低音量跟我分享他們的成功，彷彿他們根本不敢相信，只是先把獲利留下來，竟然對他們企業的成長和盈虧結算有如此神效。

所以，儘管我希望你為四週的假期做好規劃，才有辦法設計你的企業、讓它自己運作，不過，我要你們大家把標準降低。簡單就好。第一步，先堅持為你的企業做出三個小小的改變：

1. 以股東自稱。
2. 宣告你們公司的「女王蜂角色」。
3. 把自己總工時的1%用來做「規劃設計」類的工作。

一小部分「規劃設計」的工時，就有助於你執行本書的其他步驟，或至少幫你想出下一個超棒的產品點子，或某個問題的解決方法。同樣的道理，光是曉得你的「女王蜂角色」，就會改變你的日常工作方式。還有，你把自己當什麼，就會成為什麼。當你一貫以股東自稱，就會一貫拿出股東的態度行事。

就三個改變。如此而已。你辦得到。做好這三個改變後，你可以再挑戰更多的改變。等你做足準備，要「全盤『自動發條化』」時，這本書會陪著你。無論如何，我也會陪著你。

第 12 章

將一切整合起來

一名成功的企業主，如何落實發條法則，
將兒時經驗推展成國際事業？

既然你已經學會「自動發條系統」的三個階段，接下來我要教你們，這些階段怎麼一起發揮作用，不但能精簡你的企業、提升效率，還會觸發公司大規模的成長。為了讓各位明白，我編了一個故事，內容講的是一家套用了整套「自動發條系統」流程的公司——異國風格佳餚公司（Outlandish Dish）。我還真希望這是間實際存在的公司呢。

異國風格佳餚公司，是一間專為來自澳洲、加拿大和英國等地講英文的吃貨們，安排歐洲遊覽行程的美食旅遊公司。參加他們的三天「快學之旅」和十四天「沉浸式經歷之旅」的遊客們，會到不同國家體驗正統的地方美食。他們會見到廚師，了解食物的歷史，還會認識生產特殊品項的當地農夫與特色小農。

異國風格佳餚公司總部位於巴黎，老闆羅貝托．諾勒托（Roberto Nolletto）是旅外工作的義大利人。他負責監管公司，經營公司每年四趟的大旅行團，還有開發新的行程。羅貝托因為自己熱愛體驗不同食物與文化，熱愛到會自己規劃旅行，還帶上朋友一起旅遊的地步，因此展開了這個事業。和羅貝托一起吃飯時，聽到他說的那些故事和歷史，讓他的朋友們排隊等著要跟他一起旅行，既然如此，他決定開異國風格佳餚公司，把自己熱愛的事變成事業。

這家公司的發想，來自羅貝托的兒時經驗。當時，因為強迫服役的關係，他的爸媽都在軍隊裡。由於有任務在身，他們帶著青少年時期的羅貝托遊遍了歐洲。因為羅貝托在同一個地方待的時間幾乎都不夠久，無法融入同儕，所以他很難在學校交朋友。不過，在歐洲各地的咖啡館和餐廳就不一樣了。當地人以及像他們一樣的旅客，都非常喜愛結交朋友，建立關係。如果你是新來的人，大家會歡迎你。透過分享彼此的故事，大家很快就熱絡了起來。羅貝托當時有所不知，但其實在那些年裡，他「大爆炸」的要素，便已然成形。他深知，陌生人不過就是你還沒結識的朋友，而且他明白，自己有辦法把「五湖四海的陌生人變成猶如家人的朋友」。儘管他當時還不清楚，但他之所以用自己那套方式規劃旅遊行程，就是因為和陌生人交朋友、建立關係，能帶給他快樂。

通常他們的行程可能先從日內瓦（Geneva）開始，享用傳說中的起士菜餚，接著穿過德國，嚐嚐那裡的德國香腸（諷刺的是，德國還真的只有香腸最好吃），然後享用義大利美味到不可思議的麵包和義大利麵，最後在法國，以大啖葡萄酒、糕點以及世界級的前菜作結。每趟旅程的最後一晚，都包含一場烹飪體驗：在世界知名主廚的指導下，旅客們準備餐食，然後吃吃喝喝，整晚宴飲狂歡。這些活動，讓異國風格佳餚公司獲得了超棒的評價，受到國際媒體注目。

問題是，雖然美國和加拿大是公司最大的市場，但他們還是難以從這兩個市場拉攏顧客。儘管他們在這兩個國家都拚命行銷，北美洲的顧客卻只佔了20%；在他們的顧客群中，80%來自澳洲與英國。

羅貝托希望，異國風格佳餚公司能像自動發條一樣運作（並擴大規模），只不過，他的公司陷入了一種停滯。他們的年營收為三百五十萬美元，但公司卻利潤微薄。連同羅貝托在內，他們有二十五個員工：十四個額外的導遊、一個網頁開發工程師、一名行銷人員、兩位業務人員、三個旅遊規劃人員、一位行政人員，還有兩名簿記員。羅貝托覺得自己負擔不了多聘新人，但他的團隊也都耗盡心力了。他認定自己需要更多的導遊，也需要更多人的幫忙，才能有效地在美國行銷自己的公司。羅貝托不但支援行銷、物色新的行程，同時也親自帶十四天的大團。他沒有辦法再增加自己的工時，根本就精疲力盡了。

雖然羅貝托想動手執行「自動發條系統」的流程，但一直以來卻都拖拖拉拉的。諷刺的是，他已經二十年沒有休過假了。他太太唯一想要的結婚週年紀念禮物，就是可以跟他兩人單獨一起去旅行，所以，他預訂了巴哈馬群島（the Bahamas）的其中一個小島，打算待一個禮拜。他覺得規劃自己的假期實在太好笑了，因為這就是他的工作啊。還有，對於離開公司休假一事，他相當緊張不安，尤其他尚未幫公司面臨的問題找出解決方案。

一場超強的風暴，吹毀了島上的電話與無線網路通訊，一連數天，他既沒網路也打不了電話。彷彿「自動發條系統」之神在暗示羅貝托什麼似的。出於此因，他進入了完全焦慮的模式。放假完、回到公司後，他原本以為會面臨一場災難。他以為會發生什麼嚴重的客戶問題，以及有的沒的規畫問題，因為每個禮拜他都要處理這些問題。不過，雖然他的團隊的確留下一些問題要他解決，但大致而言，大家在沒有他的情況下，倒都設法應付得不錯。員工們甚至還想出了一個很有創意的解決辦法，處理行程生變的情況：碰上小型飛機因為強風而禁飛的突發事件，他們讓某個旅行團改搭渡輪。他知道，自己老早就該開始自動發條化自己的公司。

第一階段：校準

著手執行「自動發條系統」的階段時，羅貝托先是檢視了自己最成功的行程所獲得的旅客調查結果，讀一讀最開心的客戶們寄給他的感謝卡。大部分的人都有提到他。

「我們真的好開心認識你，羅貝托！」

「我們跟羅貝托一起吃飯超級開心的。」

「羅貝托的故事是精選中的精選！」他發現，那些對他建立關係的能力讚不絕口的旅客，全都成了長期客戶。多年來，這些人有一半以上，都會回頭找他們，很多人是十多年甚至更久的老客戶。他的說故事能力好到旅程都還沒開始，大家就引頸企盼著振奮人心的行程，而且每到一個地方，都還是維持那樣的興奮之情，就連旅遊結束回家後，還是激動地大談特談他們的遊歷。要是羅貝托不自己帶團的話，那麼客人的「回鍋率」就會大幅跌落到20%以下。羅貝托訂出了公司「一定說到做到的承諾」，是「和新的老朋友一起的冒險旅程」。

接下來，羅貝托以他的客人為對象，進行了「喜歡／討厭分析」。他「喜歡」的顧客是會入境隨俗、不討價還價，而且會一再回鍋的那些人。他「不喜歡」的顧客是很難搞、什麼都要求打折，而且很驚訝自己沒辦法在每家餐廳都吃到漢堡與熱狗的那種人。

比較完自己那疊旅客調查結果和感謝卡，還有他「喜歡的客戶」清單之後，羅貝托這才明白，這些清單幾乎是一模一樣的。這下子，他曉得自己的「一定說到做到的承諾」對他「喜歡的」顧客而言很重要。

下一個他要思考的，是「女王蜂角色」，也就是滿足「一定說到做到的承諾」的最主要活動。他知道，假如自己當初跳過練習，沒有先決定「一定說到做到的承諾」，可能會以為他們獨特的旅遊行程是「女王蜂角色」。或者，搞不好會把「找得到不是熱狗的在地美食」當成它們的「女王蜂角色」。不過，如今他曉得，他公司的「女王蜂角色」，是把客人當成一輩子的朋友，那樣和他們建立關係。

緊接著，羅貝托開始檢視，讓自己可以專注於滿足「女王蜂角色」（同時「捨棄」、「移轉」、「削減」自己的其他差事）的各種方法。可是，他面臨了一個問題。除非自己當公司所有旅行團的導遊，否則，怎麼有辦法跟客人建立緊密的連結呢？這根本辦不到吧？或者，也許他可以……

有一晚，公司內部負責預訂客戶行程的新人瑪麗耶特（Mariette）說：「你跟客人建立關係的主要方式，是透過說故事。我們何不讓你在行程的一開始先現個身，然後在最後一晚的重頭戲上再出現一次？這麼一來，你不必負責兩個禮拜的行程，可以花一、兩天跟旅行中的客人建立關係就好。還有，既然我們所有的團，幾乎都會經過我們的總部所在（巴黎），這些說故事的時間，很多都只需要你離開公司四、五個小時就好。那樣的話，你就不需要自己帶任何一個團了，可以卸下冗長的工時。你就會有空思考其他的事情啦。」

羅貝托雖然喜歡這個點子，但還是有所保留。他知道和客人建立連結是「女王蜂角色」，可是他很難相信，只要在行程一開始和結束時現身，就能帶來什麼大改變。

羅貝托想得沒錯。執行方式上的那個小改變，影響的確不大，而是超級大。

他一現身在行程當中的交流和用餐時刻，就熱情四射。由於他沒有因為帶團旅行而疲累不堪，所以能完全投入當下。他用故事娛樂客人們，客人們則聚精會神聽得津津有味。他一對一和所有的客人相處。他以內行人的身分告訴客人們，可以自己找什麼樂子。還有，羅貝托的時間，沒有因為要帶兩週的大團而被綁得死死的，如今的他，可以到每一個旅行團去探班——也包含那些三天的旅行團。

客人們讚不絕口的評論大量湧入。參加三天旅行團的人，現在開始預訂十四天的團了。大家都想要更多有意思的冒險。他們希望有更多餐食上的故事。他們想要更多能與羅貝托親近相處的時間。如今，不只十四天團的客人才有50％的回鍋率，每一個團的客人都有50％的回鍋率。一年不到，他們的業績就增加到四百五十萬美元。異國風格佳餚公司不再是眾多美食旅遊公司的**其中一間**——他們是美食旅遊公司的**第一把交椅**。他們漲了價格，也提高了利潤。

第二階段：整合

還有兩個問題懸而未決。第一個問題是，他們的團隊還是二十五個人，但由於大家都全心全意在保護「女王蜂角色」（目前這還是羅貝托視為珍寶的差事），此一要求給導遊團隊帶來了負擔和壓力，他們需要新聘人手。另一個問題是，美國市場的業績還是緩不見漲。

羅貝托執行了「工時分析」，首先要處理工作負擔過重的團隊所面臨的挑戰。他評估了「工時分析」的結果，發現自己的公司在「判斷決策」、「委派授權」以及「規劃設計」等類工作上比重很高，幾乎佔了40%。這讓他大吃一驚，因為公司的導遊們一直不斷地說自己多忙（忙著做「生產執行」的工作）。由於羅貝托自己已經不再帶團，他很肯定，導遊們忙活的唯一差事就是帶團。

只不過，進一步調查後，羅貝托開始了解工時佔比為何如此。他發現，公司的４Ｄ工時佔比之所以沒有平衡，就是那三個旅遊規劃人員的問題。他們要做許多行政類的工作，而且，他們的差事非常側重「判斷決策」（幫導遊們做決定）、「委派授權」（分配資源和職責給導遊們），以及「規劃設計」（規劃各式各樣的新行程，或修訂既定的行程）。因此，這些旅遊規劃人員同樣負擔過重，壓力不小。既然受歡迎的行程代表了大致上的需求，用三個旅遊規劃人員設計新的行程，人數實在過多。顯然，事做得多，成果並不會比較多。

羅貝托不打造新的旅行團，而是選擇增開一直以來效果都不錯的行程。雖然他決定保留現存最成功的行程，然後每年找新的餐廳和廚師，讓客人耳目一新，但其餘的行程則繼續沿用即可：去同樣的城市、參訪同樣的景點、住相同的飯店、乘坐一樣的交通工具。這個決定，讓公司的旅遊規劃人員空出很多時間，因為他們可以用同樣的飯店、交通運輸公司以及特定的景點，一次規劃好幾年。這也減少了相關的「判斷決策」、「委派授權」以及「規劃設計」類工作。

第三階段：加速

羅貝托的下一步，是設定他的衡量標準儀表板。為了確保他的「女王蜂角色」運作無虞，他把標準設定如下：完成行程的客人當中，至少有50%的人會預訂另一個行程。

某次出團空檔期間，羅貝托和員工們一起定出大家各自的「主要工作」，指明每個人用什麼方式促成「女王蜂角色」，同時決定由誰監督儀表板上的每一個衡量標準。接著，大家一起思考每個人需要「捨棄」、「移轉」、「削減」與「珍藏」什麼任務與差事，以確保人人只做自己的「主要工作」，協助「女王蜂角色」。

為了減輕公司導遊們的負擔，羅貝托自己幫團隊進行了「工作特質分析」。導遊主要的工作特質是客戶服務。羅貝托很喜歡一句話：「唯有讓對方知道你多在乎，他們才會在意你懂多少。」具備當地的知識很重要，處理工作時突然出現的問題也很重要，不過，最重要的是照顧顧客。

羅貝托評估「工作特質分析」的結果時，發現公司其中一位旅遊規劃人員珍娜（Janet），極為擅長客戶服務的工作。珍娜是美國人，因為要照顧即將病逝的祖母而搬到了巴黎，結果她愛上了這座城市，也愛上了全歐洲。做旅遊規劃的工作時，她對客人的服務出色無比。舉例來說，大家都曉得，她會送禮物給自己在物色行程內容時結識的廚師和商家，而且，即便後來行程沒有包含的人，她也會和對方保持聯絡。雖然她從來沒有帶過團，但卻具備了會大獲成功的關鍵特質。

羅貝托測試了珍娜的導遊能力，先是讓她跟在旁邊觀察，之後就讓她自己帶團。珍娜的表現良好，於是，羅貝托便正式把珍娜轉成導遊職。才幾個月的光景，珍娜就成為他們評價最高的導遊之一。

珍娜的成功，讓羅貝托有了「擷取」做事方式的想法，他想把自己透過說故事和客人建立關係的方式，擷取下來。他錄製短片，打造資料庫，提供任何一位導遊都能利用的竅門，以達到相同結果：說故事的時候，要讓客人們知道他們當下遊歷之處，和他們本身有何個人層面的連結（把客人們當成故事的一部分）；同時，也要讓他們了解怎麼分配說故事、大家彼此互動交流和個人不受打擾的時間。

他們公司裡，其中一位負責物色新行程的人桑卡拉（Sankara），把拍影片當成自己的斜槓工作。只要有機會可以拍影片，他就會拍。羅貝托要求桑卡拉分享一些內容最棒的影片，讓他能放進給導遊們看的影片庫。

異國風格佳餚公司有二十五人的團隊，公司把重心放在優化成功的行程，而不是開創新的行程；所以羅貝托知道，由兩個人負責物色新流程，實在過多。他於是檢視了這兩個人的特質。這時，他想起瑪麗耶特曾提過的一個建議。她認為影片有助於他們打進美國市場，但儘管如此，羅貝托還是沒辦法想像，在團隊成員們已經要加班才能符合要求的情況下，怎麼找人負責這份工作。他問了珍娜對此一點子有何看法，珍娜說，比起電視，美國人比較常在社群媒體上看影片。

羅貝托認為，桑卡拉的才能可以勝任這份旅遊行程攝影師的新差事。兩天不到，桑卡拉就跟羅貝托和珍娜一起拍了第一支影片。那部影片專門鎖定美國市場，主要內容是由珍娜分享異國風格佳餚公司提供的各種改變人生的旅遊經驗。接著，她還介紹羅貝托出場，羅貝托說，全球各大陸曾經都是連接在一起的，歡迎美國人到歐洲，再一次連接彼此。他分享了從前帶美國客人時歡笑與淚水交織的故事，並邀請新客人來訪，好讓他能親自為他們倒上迎賓酒。

這支影片在網路上大大成功。羅貝托成了超級熱門的人物；他的領袖特質與魅力，無人能及。很快地，跟異國風格佳餚公司訂旅程的美國客戶急增。

有了這些新顧客，羅貝托和他的團隊特別留意他們儀表板上ACDC的變化情況。擴大規模造成「收款」階段出現一些問題，這是他們未曾碰過的事。由於回鍋的顧客和受到這些顧客推薦而上門的客人，佔了他們之前很大一部分的營收，所以，他們過去幾乎不必在行前確認有無完成最終付款。羅貝托認為這應該是財務方面的問題。他的團隊評估了各種解決方法並決定，他們需要讓客人在一開始就先付一筆較高的訂金，以剔除掉那些沒有錢付團費的衝動型買家。

羅貝托決定，下一次的四週假期，他要留在家裡栽植花園。他一直都很想把後院改成蝴蝶和鳥類的綠洲，還想要弄個菜園，種滿他太太最愛吃的菜餚所需的材料。他覺得，一旦把院子弄起來，他便可以善用「休息時間」，養護花木時蔬。

他一邊栽種番茄的種子，一邊想著，等長了果實，可以用來製作什麼樣的沙拉，想著想著，突然回憶起之前在義大利嚐過的絕妙滋味橄欖油。那是一家名為Azienda Agricola Il Brolo的小型橄欖油葡萄園所產，位於距離米蘭兩小時車程的布雷西亞（Brescia）。當時因為有個客人需要醫療協助，所以遊覽車緊急暫停，而那間葡萄園是離他們最近的場所。接著他靈光一現：「等一下！我可以把農場和葡萄園都納入我的行程啊！」羅貝托的點子，最後造就出他們公司有史以來最受歡迎的美食之旅行程。

由於員工們都適得其所，以恰當的比例好好做著適合他們的差事，再加上整個團隊都在保護「女王蜂角色」，也因為羅貝托有足夠的時間能專心「規劃設計」他的公司，所以，異國風格佳餚公司大躍進，成長飛快。

美國人開始討論這家公司，接著，意料外的奇蹟發生了：有一家美國的大型電視網找上了羅貝托，希望製作一個以歐洲美食之旅為主題的節目。羅貝托天生的說故事能力，對他大有幫助，節目一播出後，他就成為名人了。他們公司的業務需求激增——年營收已遠遠超過一千萬美元。

這樣還不夠。羅貝托的最後一步，就是不要再擔當直接滿足「女王蜂角色」的職務。還有，各位八成也猜到了吧？珍娜也具備了羅貝托為人所知的特質。她成為主要的說故事者，特別負責為美國人開的行程。羅貝托在新的電視職涯上如魚得水，而他的團隊把異國風格佳餚公司經營得像自動發條一樣。這下總算達成目標了。

雖然這個故事的結尾可能聽起來像童話故事一樣，不過，只要你沒有被自己不該做的事束縛住，而你的團隊像自動發條一樣運作得宜的話，無論你對自己的企業有什麼樣的美夢願景，不管你希望對這個世界有何貢獻，都可能成真。

第 13 章

推拒：碰到這種情況該怎麼辦

在建立自動發條化企業的路上，
你可能會碰到阻礙，被周遭反對……

我曾利用到澳洲伯斯（Perth）巡迴演講的機會，給自己放了四週的假，實施必要的「斷絕聯繫」——當時的我這麼一做，馬上就慌了。那時我正一邊撰寫著這本書的第一版，一邊用自己的企業，測試這套「自動發條」流程。（在我看來，這就是為何我的工作多少有別於其他典型的作者與顧問。我在研究某個概念時，會先用自己的企業當試驗品，而且往往一測試就是好幾年，做完這些之後，我才會動筆寫。然後，在記錄與寫作的階段裡，我會繼續用其他的企業測試這套系統，同時，用我的企業當試驗對象，測試我調整後的做法。這是非常迭代反覆的過程。）

我在伯斯深具代表性但老派的摩德小姐飯店（Miss Maud Hotel），滿足地享用完包羅世界級糕點在內的北歐式自助早餐後，一面啜飲著咖啡，一面直接在餐桌上打開了我的筆記型電腦。當週稍早，我和一位澳洲的創業人士蕾提西亞．慕尼（Leticia Mooney）聊完天，想到了一個調整這套系統的點子。經過那麼一調，書裡最重要的核心內容就完成了；我接下來無事可做。本來我想再吃第二輪，不過，那樣只會讓我的腰圍再大一圈而已。我還能做什麼呢？我檢查了電子郵件信箱。沒有新郵件。我重新整理頁面，卻依舊沒有新信。各位，如果你曾體會過電子郵件信箱爆滿的那種壓力，那比起我盯著空信件匣時感到的恐懼，根本小巫見大巫。我以為我終於跨過保證自己的企業能自行運作的最大障礙——也就是我的自尊心。只不過，哎呀，沒這回事。

在伯斯的我，可以說是在地球的另一端——我位於紐澤西州的家，幾乎直接和伯斯分屬地球的相對兩側。這兩個地方的時差是十二小時，也就是說，我的白天是他們的夜晚，反之亦然。這意味著，當我白天在澳洲工作時，我的團隊在睡覺。而當他們醒著，在紐澤西州做事的時候，我在睡覺，夢著香噴噴的烤蝦[1]。在如此兩極的時差之下，假如我的團隊需要什麼，他們無法立刻找到我，我也無法即刻聯絡上他們。

就這樣過了幾天後，我開始覺得這個世界彷彿不需要我了。那是全然的斷開聯繫。自由和不被需要，是天差地遠的事。真的，那對我來說猶如往臉上澆了一大桶冷水。雖然我一直都希望自由，不要被自己的企業束縛，但沒人打電話找我耶，連找我提供信用卡資料、好讓公司的人辦趴買披薩的電話都沒有啊？唔，我的天啊，這實在教人難以接受。我的團隊不只是在經營企業而已，還是在沒有我的情況下經營企業。我花了好些年的時間設計出一間可以靠自己運作的公司，如今也**證明**自己辦到了。結果發現自己根本不被需要？這實在傷透了我。

獨自在餐桌前用餐的我，想法越來越晦暗。形單影隻地身處澳洲，還被囚困在周圍堆得像小山高的丹麥麵包和蘋果酥皮派之中，我的公司卻沒有一個人在乎。此時不慌更待何時！假如我到澳洲內地徒步旅行、再也不回去的話，他們會不會連我消失了也不會發現？

我在先前某章裡就曾說過，面對自己的存在可有可無時，人只會做一件事：我呢，又把自

1 譯注：維持為文幽默的寫作風格，作者用了shrimp on the barbie這樣的澳洲式英文用法。barbie在澳洲的俚俗用法當中指的是barbeque。

己安插進事業裡。我開始寄電子郵件提出問題，同時要求這兒要求那兒的。我給自己和別人沒事找事做。我們打造了一台運作良好的機器，我倒開始往裡面丟扳手。我遠在紐澤西州的團隊一起床，就看見我寄出的幾十封電子郵件；這些電子郵件拖慢了他們的速度，而他們開始做事不順，連該怎麼繼續，都要我提供意見。這麼一來，我在澳洲的行程表馬上就因此變滿了。這做法超聰明，可不是嗎？假如你只是念頭一閃，覺得我的決定很聰明的話，請想像一下我的德性。我坐在一群澳洲的老奶奶們（顯然她們常到這家飯店吃北歐自助式早餐）中間，桌上一盤子的食物，高聲地錄製著語音留言，頤指氣使地對著我的團隊下達命令，結果呢，倒成了我自己公司的阻礙。

還有，萬一你忘了的話，我可是剛剛完成**這本書**的初稿哪。我還在書裡提倡四週假期呢。可是我自己連放四天都辦不到。好幾個月後，我回想起這個經驗才終於明白，自己當時經歷的，就是戒斷徵候。在某種程度上，我是個癮君子，讓我成癮的對象是我的事業，也就是**生產執行**的工作，而要戒除成癮，過程必定艱辛。你必須斷然戒除才行。為了放假，我之前已經做好了準備。我已經打造出各種系統，讓我可以放這場假。但即便如此，我的心態卻沒有跟上。

我們要把話說清楚：我從來都沒說自己特別聰明。或許就是一個普通的小螺絲釘。好啦，肯定是跟螺絲釘差不多的東西。這跟我的腦筋無關——完全就是我的自尊心作祟。這是人性。或許，你也曾體會過類似的感受，覺得你在自己的企業裡得是個人物才行，或者，在生活中的其他方面，自己必須有一定的重要性。搞不好發生在你送孩子們上大學後。我很了解自己的老婆，我感覺得出來。家裡原本吵吵鬧鬧的，突然間卻變成了空蕩蕩的倉庫，獨留我們看著一堆東西心想：「這下該怎麼辦呢？」一開始他們走出家門時，你會如釋重負，有種「從今天開始我有新的人生啦」的超棒感受。接著，差不多到了晚餐時間，卻沒有人扯著嗓子問：「媽，晚餐吃什麼？」，你這才明白自己不被需要了——這樣的領悟，讓人不知如何是好。那是很痛苦的事啊！於是，你拿起了電話撥給孩子們，千方百計想參與他們的事，希望自己是被需要的。我已經放手讓兩個孩子去上大學了，還有一個，也差不多快到時候了。我的自尊心無法承受失去自己的最後一個孩子——也就是我的事業。我重新把自己安插進公司，其實是想把我那「成年的孩子」拉回家裡跟我一起住。這麼做不僅對我的團隊不好，對我也無益。

事實是，就算我的孩子們離家上大學，他們還是需要我們，而我們的團隊靠自己經營公司的時候，也還是需要我們。他們只是**以不一樣的方式**需要我們罷了。

處理你受傷的自尊心，只是你（以及其他你公司裡的人），排拒我在本書裡詳細說明的這套精簡化流程的各種方式之一。不要等閒視之。根據我個人，還有實施執行「自動發條系統」的絕大多數企業主的經驗，我們就是自己進步的**最大**阻礙。想走出受困的情境，那就走出去吧。不要一邊說著自己想擺脫日常的例行工作，卻又一邊繼續做著這些苦差事。你要走出去。也不要一面說著自己希望能做少一點工作，然後一面又加重工作量。先出走，然後待在外面觀察，接著從自己所在之處，解決問題。不要讓你的自尊心束縛你，將你關在裡面。

我自己採取的技巧之一，就是別再以自己企業的超級英雄自居。首先，我得學會釋放自己的自尊心。我不將自己視為企業的超級英雄，隨時可以疾如風地現身解決任何問題；而是把自己當成「超級有遠見的人」，一個我更加賦予重要性的角色。這個角色需要我為企業擘畫未來。我要研究這個世界、從外部汲取想法，然後把這些點子介紹給內部團隊。「超級有遠見的人」改變了我的行為，讓我得以像個企業股東那般行事——**還有呢**，這個角色甚至能滿足我那膨脹的自尊心。

你著手實施這套「自動發條」系統時，可能會碰到來自於你團隊、伴侶、同事、朋友以及家人的阻力或後座力——特別是來自於你自己的那種排拒。這些本來就會出現。你要有所準備。最重要的是，你要對自己和其他人有耐性。夥伴啊，改變可不是簡單的事。我們都不過是凡人而已。大家都知道，凡人做的就只是凡人的行為啊。

超越直覺的有效方法

最奇妙的一點是，打造系統雖然是艱難的差事，卻不是瞎忙。你不會一直不斷地在打字。不會一直跟人開會。你還不會忙來忙去。你會專心一意地做難中之難的工作——也就是思考。

思考自己的企業（**規劃設計**自己的企業），是非常勞力費神的工作。所以啦，由於你我都是凡人，我們的天性直覺就會讓自己做事，藉此分心。比起艱難的思考，艱難的工作還比較容易——這聽起來可能毫無道理，但事實如此。

這就好像有兩個選擇：一是在十五分鐘內挖出一條壕溝，二是在十五分鐘內解開魔術方塊。雖然挖壕溝對許多人而言是體力上的困難工作，卻是比較容易完成的事。因為我們幾乎可以肯定，挖壕溝的必然結果會是什麼，所以很多人就會選前者。不然就是花幾分鐘試著要解開魔術方塊，結果中間那個該死的黃色方塊，還是在所有他X的其他黃色方塊的另一邊，你就洩氣了。結果我們會放下手上的魔術方塊，跑到外面挖壕溝。思考需要耗費很多體力，也需要充分耐心，還需要大量的專注力。

再者，當我們在「思考」而非「做事」的時候，感覺起來，我們似乎沒有為自己的企業帶來什麼好處——因為思考往往不會帶來立即的結果。我們想要的，是完成其中一件待辦事項、辦好自己分配到的差事、交付實現某種服務，或是達成某個目標會帶來的那種即刻滿足感。

事實上，思考的人在做的，可是**重要**的事。重要到藝術家還專門為思考的人塑了像呢——你知道的啊，就那座《沉思者》（*Thinker*）雕像。因為，思考的人已經搞清楚，自己的目標不是做事，而是思考做事方法。完成工作不是目標。真正的目標是讓**公司**完成工作。不是自己做工作，而是**思考**要做的工作是什麼，你可以叫誰來做。

不要誤以為自己只是托著下巴坐在那兒（而且還一絲不掛），就不是在做事。拜託，大家都知道，最棒的點子都是洗澡的時候想出來的吧！這是為什麼呢？因為當時的你不是在做工作——沒有電子郵件、沒有來電、這些東西都沒有。你洗澡時在做的，是最重要的工作：思考。現在的我只要旅行時，都會找看看有沒有三溫暖，因為三溫暖就像加強版的洗澡（坐在三溫暖室，我連動都動不了，遑論做任何事了）。我就只是坐著、發汗、思考——想當然耳，我的最佳任務，就是在三溫暖裡完成的。

想知道要怎麼設計出一個自行運作的企業嗎？那就自己提出幾個大哉問，然後，讓你的腦子好好想想這些問題。別忘了，雖然你一絲不掛，但那也不意味著這就不算工作喔！

合夥人的推拒

我的PFP合夥人不知道講過多少次這樣的話：「你為公司做得還不夠。我們需要你更投入。」次數多到我根本沒辦法跟你們說。我知道為什麼朗有這樣的感覺。他還困在「什麼事都做」的心態裡。所有的事都重要。所有的事都很關鍵。所有的事都相當緊急。朗會說：「你過去的表現輕輕鬆鬆就比這裡任何一個人還好。我從來沒見識過工作如此努力的人。但現在你根本不見人影。」關於這一點，你我都清楚，是因為我從「生產執行」的階段，轉換成「規劃設計」的階段了。只不過對外界來說（或者就連對你的事業合夥人也一樣），這看起來就好像你拋棄了自己的企業一樣。

朗是個心地善良的人。我很欣賞他，也知道他多麼關心我們的事業、我們的客戶，還有我們決心消除創業貧窮的任務。每一件大大小小的事，他都非常在意，而且還希望每個人都能擁有最棒的經驗。在企業界，我最信任的人就是他了。

我們開始精簡化PFP的時候，會利用季度會議跟所有的員工說明，我為了滿足「女王蜂角色」，做了什麼事；同時也向他們解說，他們的工作，支持著公司的「女王蜂角色」。我解釋，「獲利優先」是我八年前發想出來的概念，當時連公司都還沒創立，我把這個概念收錄進自己的第一本書裡，隨後，還在自己為《華爾街日報》（*The Wall Street Journal*）撰寫的文章裡大加詳述。讓這個概念落實成真的，是我得以花在充實、改良這個概念的時間。我說，如今我的任務是做出策略性的決定、規劃重大的進展，還有宣傳——同時找到其他可以宣傳的人。創立PFP之初，我什麼都得自己來。當時就只有我和朗而已，畢竟那個時候，「生產執行」類的工作，少了我們其中一人都不行。如今，公司需要我當「規劃設計者」。

我和朗私下見了面。我要他多幫忙分擔我的日常例行工作，對此，他很不開心。我們聊得面紅耳赤，他堅持我得花更多時間在企業**裡**工作，減少寫作與演講的時間。我之前就說了，我們的「女王蜂角色」是宣傳消除創業貧窮的宗旨，既然如此，當時他要求我做的，不但無法幫助我們的企業成長，反而會限制公司的成長。但話說回來，對於每天都要忙一整天的朗而言，我的計畫好像有悖常理。

針對我努力想讓PFP在沒有我（和他）的情況下自行運作一事，他的推拒是可以理解的，而且就在我們聘僱新員工比莉．安（Billie Anne）時，他的不想配合，達到了極限。比莉對科技蠻有一套的，對此，我相當興奮，因為在那之前，我是公司內部唯一有能力可以處理科技類問題的人。在這方面，我們公司其他五個全職員工加起來的經驗都沒有我多，想當然，我是領導我們應用程式開發工作的不二人選。只不過，因為我一心想辦法要滿足「女王蜂角色」，而且當時我還沒卸除管理其他案子的職務，所以，我只能找時間斷斷續續地做公司自己的科技案子。

那個時候，我們正好在開發PFP的會員不可或缺的軟體。雖然我已經負責這個案子五個月了，軟體卻只開發到有所作用但還不合用的地步。指標清楚得很：我們的會員都沒在使用這個應用程式。

我跟朗開了會，報告這個案子的最新狀況。我說：「我想把這個交給比莉。她可以應付。」

朗極力堅持我要繼續做才行。他說：「麥克，一旦你接下某個任務，加以貫徹就是你的責任。你得更努力才行。加把勁。」

朗說的並沒有錯。他一直以來的經驗的確如此，但那樣的經驗卻與營運效率不符；相反地，倒和「再加強生產力」那種蠻幹的手法一致。要我說啊，這都要怪長曲棍球這個運動啦。

高中時，我和朗同在長曲棍球隊。當時朗的球技就比我好（現在也是，我最近剛發現這個事實；他在校友賽的時候還給我上了一課，教我怎麼開球）。球隊上的每個球員得發揮百分之百的本分，甚至更多。朗身為熱衷長曲棍球的球員，他太清楚這種運動的指導原則了：只要有任何一個球員受傷或是打得不好，隊長就必須更加把勁。你不會想著要做少一點，而是會更堅強地多擔一些，多做再多做。當然啦，長曲棍球比賽是短時間衝刺型的比賽。整場球賽的時間為一個小時。經營企業則是馬拉松，整場「比賽」要打好多年、好幾十年，甚或一輩子。

「朗，我們不是長曲棍球隊的隊員」，我如此告訴他。「我們是團隊的老闆。我們必須拿出球隊老闆的樣子，既然我們還沒聘僱教練，那麼當我在推進我們的「女王蜂角色」時，你就得擔當教練的角色。我們需要指導我們的團隊、我們的員工，同時提供他們贏球的策略。我倆現在不上場了。」

我想，這些話他雖然聽到了，卻沒聽進心裡。那場會議並不順利。因此，出於對朗的尊重，我繼續留下來主導那個案子。當時我所**做**的，就是在朗的允許之下，進行測試。我叫比莉幫忙做案子的其中一小部分，她不費什麼時間就做好了。隨後我回頭告訴朗，有了比莉的幫忙，案子的一小部分已經完成了，同時讓他看看成果。

朗說：「哇！她的速度好快。我們再測試看看」。他同意讓比莉承接更多的工作任務。現在，比莉是這個案子的負責人。我花了三個禮拜的時間，讓朗看看比莉的工作成果，透過這樣的做法，讓他相信我退出這個案子，會比較好。更重要的是，他也說服了自己。

儘管朗很聰明，而且求知若渴，但他就跟你我一樣，都安於自己熟悉的事物。過去在球場上，他比任何一位（包含我在內）的球員都更賣力。工作上，他也比任何一個同事還努力，所以才會成功。只不過，現在他得放掉努力工作的舒適感，開始協助精心編配安排的工作。有時候，你面對的最大阻力，倘若不是來自於你自己，就是出自於你的事業合夥人或高階主管團隊。他們都是凡人，都需要引導以應對改變。你要一小步一小步地達成組織效率，透過測試，證明高階主管團隊裡的每一個人，都需要放手「生產執行」類的工作，轉而接手「規劃設計」類的任務。

有了不負責軟體案而空出來的時間，我就能跟國際的合夥人開會，協商PFP的國際合約。在芬姆柯・哈吉瑪（Femke Hogema）的領導下，我們在荷蘭開了新的據點，不費吹灰之力就招入三十個會員。接著又跟蘿拉・艾爾卡蕾希（Laura Elkaslassy）合作，在澳洲開了據點，事實證明，她有能力以出色的方式服務社群（同時還讓我們的公司成長）。然後，朗開始接手管理我們的國際發展，在班尼塔・柯尼格包爾（Benita Königbauer）的領導下，我們又增添了德國的據點。當我寫到這裡時，他才剛剛完成我們英國據點的計畫。下一步是：墨西哥、日本、肯亞，或其他地方。這些都還在計劃中，而「女王蜂角色」一定都擺第一。

你會遭到那些還以球隊隊長身分（而非教練或球隊老闆）在比賽的合夥人為難。原因並非他們有錯或他們不好。而是因為他們還在做自己一直以來都在做的事。你要和你的合夥人合作。找出你們之間的折衷點，接著再找一次折衷點，如此反覆，直到他們終於明白組織效率的好處。

我花了一天快訪芝加哥，跟我的老友里奇．曼德斯（Rich Manders）見面。他的公司Freescale Coaching，能成功為企業客戶帶來效率、成長還有獲利能力，表現之好，好到想成為他們客戶的公司，願意先付五萬美元的訂金排隊等個一年以上[2]，換得優先接受他們指導的機會。沒錯，他就是那麼強。

我們走在密西根大道上，要去參加一場團體聚會，我邊走邊問里奇：「你幫助企業成長，做得如此成功，就你看來，在這些企業需要跨越的路障裡，最常見也最龐大的障礙是什麼？」我預期答案一定會跟財務、行銷和／或產品組合這些有關。

里奇看著我，回答道：「答案很簡單。絕對是高階主管團隊之間的溝通不足與不清楚。一定都是這個大障礙。」

自動發條系統不是為了你而實施的系統。它是為了全公司而訂立的系統。每個人都需要了

2 作者注：在第一版的《發條法則》裡，里奇收一萬美元的訂金。不過，他的工作需求不減反增。如今各家公司一定得提早一年預付五萬美元的訂金，才有機會成為里奇公司的客戶。

解這套系統。所有的人都需要目標一致才行。公司上下都得開始讓領導階層從負責「生產執行」，換成「規劃設計」。

即使比莉的案子結束，朗的既定立場還是「麥克應該要在公司裡多做一點」。他在**工時**和貢獻之間畫上了等號。有了自己在澳洲時何以無法放手的啟示之後，我才明白，時間並非最重大的貢獻，**影響力**才是。某天，我用一通電話談成了二萬美元的生意，朗才真的明白這個道理。

朗說：「太棒了。你為什麼不整天負責電話就好？我們會賺好幾百萬哪。」

「因為我是『獲利優先』的發言人，也因為這樣，我**有辦法**靠電話就談成二萬美元的案子」，我解釋道，「假如我整天負責電話，而不是擔當我發言人的角色──演講、寫作……等等，那樣就會降低我的影響力，如此一來，那些二萬美元的電話最後就成往事了。」

那一刻，朗突然開竅了。他搞懂了影響力比起時間更有價值的道理。如今，他也這麼教人。

其他人的推拒

隨著你轉換成「規劃設計」者的角色，同時將自己的企業轉換成理想的4D組合時，有可能會遭受其他人的推拒——你的團隊、你的供應商、你的股東們（假如你有股東的話），甚至是你的顧客。比起參與經營的合夥人，這些團體的推拒比較容易應付，因為，說到底，你才是老大。你不是跟同樣有決策主導權的人一起做決定。

推拒並不表示你的方向有錯，也不意味著在面對衝突時得不假思索，速戰速決。你要有過程中會碰到阻力的心理準備，提前制定策略計畫。這麼做，會有助於你處理這種情況。說穿了，排拒來自恐懼與不安全感。這些感受，透過清楚的溝通，以及期望管理、聆聽問題與顧慮，還有提供安撫，都能大幅緩解。

有些人對傳統、遺範還有公司文化的感受很強烈。聆聽他們的意見，有助於你的公司順利且成功地轉換成「自動發條化」的企業。畢竟，你無法預先考慮到每一個會犯的錯或者會做錯的決定，但是與你共事的人，卻絕對可以協助你發現它們的存在。

Living Well Spending Less的老闆露絲．蘇庫普（Ruth Soukup），開始和愛瑞安．朵莉森合作，在自己的公司裡部署「自動發條系統」時，就確立產品設計是公司的「女王蜂角色」。她們公司打造的產品，能幫女性簡化生活，而她們靠著改善那些可交付的成果，同時創造新的產品，讓企業成長。

露絲是公司裡滿足「女王蜂角色」的主要人物。她寫過一本《紐約時報》（*New York Times*）的暢銷書《想活得好，就要花得少》（*Living Well, Spending Less*），同時也開發了計畫表和其他有用的工具。可以想見的是，露絲發現自己一人身兼太多職務，明白自己需要讓團隊接下部分的工作。她和愛瑞安設定了一個目標：一個禮拜要空出三天「上咖啡館」的時間——她可以利用這些時間，專注於「規劃設計」，好好拓展公司的願景。很快她們就發現，要達成這個目標和其他的目標，露絲就得為自己的團隊增添人手。露絲招來了一個新的行銷長，也聘了創意總監，這麼做助益良多。

露絲曾這麼告訴愛瑞安：「我需要三天的『專注時間』，這件事讓每個部門不得不作出調整，以協助我達到那個目標。他們會追蹤記錄我達成那個目標的次數，這是她們採用的衡量標準之一。雖然我們還沒達成目標，不過，也不遠了。大家都合作無間，需要做什麼事，人人都會挺身而出。」

露絲接著說，自從公司創立以來，她頭一回在推出重要產品的期間，沒有倍感壓力。而且，她開始把「自動發條系統」應用於自己的企業後，員工流動率一直維持在零。

露絲也處理了自己團隊應付衝突的方式，並實施了一套正視顧慮、尋求解方的系統。舉例來說，在那之前，公司向來只有露絲會以營收和現金流為重。她剛開始要求團隊必須達成特定營收目標時，曾碰上反對阻力。並不是團隊成員們不想以營收為重；而是大家從未以這樣的方式，看待自己在的公司裡的角色。

「我無法告訴你結果有多棒」，露絲補充道。「我們開始這麼做的時候，第四季營收爛透了。當時我們剛聘了很多新人，而且已經有兩個月表現都很糟糕。我的團隊來找我，再三保證我們的做法沒錯，而且要我相信他們有能力應付得來。他們接手管理，花四天的時間開發出一個新產品，而且做得極為成功。」

有了支持自己的目標、特定解決方式與成果的團隊，露絲公司隔季的營收就創下紀錄了。她說：「我越見識到團隊的努力，就越願意相信他們。他們為了自己相信的事、為了公司的營利、也為了我，如此奮力打拚，關於這點，我真的非常感激。這都是因為他們知道什麼才是重要的。」

◆

在你的企業開始變得越來越順的過程裡，你會碰上阻力；你的團隊、你的合夥人都可能是阻力的來源，也可能來自於你沒料想到的人。你的家人可能對你新獲的自由抱持懷疑，表現出擔心現金流可能出現問題的態度。你的同事和朋友可能想不透你是如何卸下自己「工作狂」的身分，處處質疑你經營自己企業的新方式。無論是誰排拒你如今經營企業的方式，你都要記住：他們跟你一樣，都不過是凡人而已。他們終會理解。你也終將達成目標。俗話說，「空談不如實證」（The Proof's in the pudding）——說的不就是以自行運作為目標的獲利事業嗎。

自動發條系統實務

開始主動積極地與人暢談，你對自己企業的願景與規畫。跟你的合夥人、同事、供應商、客戶還有家人聊聊這些，同時聆聽他們的意見。開放積極的對話，在你的企業轉型為自行營運的過程裡，會打通許多環節，讓過程順順利利。既然積極行動是最重要的事，那麼，現在就開啟對話吧。別再斤斤計較工時，得開始酌量影響力啦。

結語

用四週，開啟企業新篇章

林－曼紐爾．米蘭達（Lin-Manuel Miranda）沒空放假。要讓一部音樂劇成功進行，是好幾年的勞心勞力過程，什麼都得做，才看得到開花結果。這聽起來跟創業人士的生活有點像吧。而且，跟部分企業主的情況一樣，戲劇作曲家往往也得靠著再兼一份差事，才能養活自己。對米蘭達來說，那就表示他要一邊催生自己的第一部音樂劇，一邊幫人寫競選歌曲。

米蘭達結束自己第一部外百老匯音樂劇《紐約高地》（*In The Heights*）的演出後，還沒開始著手百老匯音樂劇的工作前，他的妻子堅持兩人要先度個真正的假。他倆去了墨西哥。現在呢，你要是把**我**放到旁邊就有吧檯的白沙灘上，我保證你會看到一堆鬧劇行為：堆沙堡啦、可笑想衝浪耍酷啦，還有在沙灘上寫一些我老婆看了會邊翻白眼邊說：「**麥克**。」的東西（她只有生我的氣時會叫我全名）。但是，嗯，米蘭達度假放鬆的方式不太一樣：他讀了一本長達八百一十八頁的書。反正都是度假啦。米蘭達，你老兄喜歡就好。

順道一提，各位八成聽過那本書。那是羅恩．徹諾（Ron Chernow）寫的得獎傳記，寫的是美國的其中一個創國元老亞歷山大．漢密爾頓（Alexander Hamilton）。躺在吊床上的米蘭達還有了寫音樂劇的靈感，成就出有史以來最具文化意義、也最成功的其中一部百老匯音樂劇——《漢密爾頓》（*Hamilton*）。

好，我得先說清楚，他可不像我，或當時我在澤西海岸邊度假屋的那些鄰居那樣，邊度假邊工作。這傢伙只不過做著一件超書呆子的事，然後得到了靈感。他之所以會受到啟發，是因為他那「生產執行」的腦子，當時在休息。他**無事可做**。他沒有被工作綁著，沒有排得滿滿的職責、任務，或是要處理的危機。提姆．克萊德（Tim Kreider）在《紐約時報》的專文〈「忙碌」的陷阱〉裡就曾這麼寫道：「什麼也不做給人的空間和寧靜，是讓我們跳出生活、看見全貌的必要條件，如此才能建立意想不到的連結，才可能等到猶如夏日閃電一擊的靈感——弔詭的是，想完成任何事，就必須什麼也不做才行。」

我們需要暫離自己的企業。而我們的企業也需要與我們暫離。就是這樣，沒什麼好說的。**而且**，有時候，我們放假離開期間，還會得到天賜的小小珍寶——最後成為幾百萬美元的文化現象。「生產執行」的大腦休息時，「規劃設計」的大腦就啟動了。

你洗澡的時候會想出很棒的點子，是因為你的工作大腦關機了，而你的奇想大腦隨之開機。度個假（真正的度假），就是讓你的大腦洗好幾天或好幾個禮拜的澡。雖然這聽來讓人意外，不過，當你做的事少了，大腦做的事倒變多了——而且是用不同的方式運作。大腦在探索、在開創、在規劃設計。

「到目前為止，我這輩子最佳的點子（搞不好是我這輩子能想出的最佳點子了），就是放假時想到的，這並非意外」，米蘭達接受《赫芬頓郵報》（*HuffPost*）的總裁兼主編阿瑞安娜・赫芬頓（Arianna Huffington）直播採訪的時候，如此說道。「就在我大腦才剛休息那麼一會的那一刻，《漢密爾頓》就浮現了。」

下一次你度假的時候，會不會想出《漢密爾頓》等級的點子呢？這我不知道。但我**知道**，如果你不讓自己的企業像自動發條一樣運作的話，那麼，要想出任何好點子的可能性就低得多。我還知道，假如你清楚自己喝著瑪格麗特調酒的當下，你的企業正像自動發條般運作著，那麼，你感覺自己完完全全是自由之身的可能性就大得多。而且，當你好好休息、不用操煩時，對你的生活與事業而言最棒的事情，就會發生在你身上。

現在你知道怎麼做，才能讓這等美事發生了。你再也不會沒有把握，不知道該怎麼做，才能讓自己從企業主身分的那個忙碌無限迴圈當中，獲得自由。你知道自己企業答應客戶的「一定說到做到的承諾」是什麼。你知道怎麼用你的願景校準你的企業、員工，甚至你的客戶與顧客。你知道你的「女王蜂角色」，也知道怎麼加以保護之。你已經完美設立出自己的4D模型和各種衡量標準；透過最佳的衡量標準，你和一個平衡的團隊，會有辦法執行「捨棄」、「移轉」、「削減」與「珍藏」的步驟。你知道要怎麼發現瓶頸，加以破除。現在的你，一舉一動就像個股東，因為你以股東自稱。你沒問題的。

一點沒錯。**你沒問題的**。

或許下回你度假時，不會想出那個此生錯過就再也沒有的點子。但話說回來，要是你真的想出來了呢？萬一那點子很重要呢？如果暫別工作、不一直想著公事，因此讓不可能突然成為可能，甚至讓不可能的事有機會成真呢？萬一你的靈光一現，替你省下大把銀子，或者讓你的團隊行事更容易呢？要是你因此想出一個能為客戶解決重大問題的新產品或服務呢？或者幫你的產業、甚至我們的世界解決了一個大難題？如果是這樣，那會如何？

萬一你就差度個假，便能想出一個可以讓自己最大夢想成真的絕妙點子呢？還有，如果你就差放個長假，便可以因此成為想像中的自己呢？

「我想，從《漢密爾頓》中記取的教訓是——這是我這輩子想到的點子裡最棒的一個，而且還是發生在我度假的時候，所以啦，要多度假」，米蘭達對新聞協會（the Press Association）如此說道。

度假是有用的。度假對你有利，對你的企業也有利。就算你讀這本書的初衷，只是希望能偶爾週日休個假，讀到這裡，你也做好能真正度假的準備了。也許你會先從放一個禮拜的假開始，然後再一步一步來，放兩個禮拜，之後再放四個禮拜。也許你跟我一樣，最後會每年放好幾次四週的假。重點是，現在的你，有了成功度長假的方法。你的企業會感謝你放假。

不管你有或沒有什麼資源，無論你面對的是什麼挑戰與難關，也不論你犯了什麼錯誤——**無論如何**，你都可以讓一個會自行運作的企業成長。還沒讀這本書之前，你或許不知道要怎麼做才能達成此目標。而現在，你已經備有一套可執行的系統。在你之前，這套系統已經有上萬名創業人士成功執行過了。現在，你要加入已經成功設計出自行運作企業的股東行列。

我知道這套系統有用。我對你有十足信心。

我等不及要看看你從緬因州捎來的度假照片了。西班牙也好。南極洲也行。或只是在你自家後院也沒問題。或者任何一個你想要度過四週假期的地方。我也等不及要聽聽你在海邊放鬆時想出的點子了。

這一切都從四週的假開始，所以，現在就預訂你的假期吧。天呀，**你的企業**就要大有進展了哪。

致謝

我還記得第一次聽到李歐納・柯恩（Leonard Cohen）唱哈利路亞，那歌聲真美妙。多年後，我聽到傑夫・巴克利（Jeff Buckley）的版本。這一次，我聽到哭了。我完全不曉得，一首已經如此美妙的歌曲，竟然還有那麼大的改善空間。對於這本新版的《發條法則》，我的感受亦復如是。

撰寫《發條法則》，是十分特別的案子。儘管核心系統沒改，但其他的部分通通都改了。在我們工作人員的努力不懈之下，這本書變得更容易吸收，更快執行，所以各位讀者可以獲得更加豐碩的成果。雖然我樂於擔當這本書的代表人物，不過，打造這本書是全體努力的結果。容我介紹我的樂團。

擔當鼓手的是安珍奈特「AJ」哈潑（Anjanette "AJ" Harper）。若要我是自己書的靈魂，那麼她就是心臟。我的每一本書都是和她合力完成的。面對寫作品質與溝通的清晰度，她是個擇善固執、非常計較的人。《發條法則》是我倆合作過要求最嚴格的案子。但這一切都值得。如此才成就出傑夫・巴克利版的哈利路亞。這本書是我和安珍奈特的最佳傑作。謝謝妳，ＡＪ。

我們的混音製作是諾亞・舒瓦茲伯格（Noah Schwartzberg）和金伯利・梅利恩姆（Kimberly Melium）。他們細細聆聽各位讀者會讀到的內容。他們會點出你們可能會卡在什麼部分或者有所疑惑，然後提出修改之道。他倆比較像編輯；他們也負責我們樂團巡迴表演時要用的道具。做這個案子時，他們總是比我多想一步，讓我可以更輕鬆地做我的事就好——也就是寫作。謝謝你們，諾亞和金伯利。

我們的吉他主音是莉茲・多布林斯卡（Liz Dobrinska）。我跟莉茲共事十年以上了。所有的網站、平面設計甚至原版《發條法則》的書籍封面，都出自莉茲之手。我的點子，在她生花妙手下活了過來，每每都讓我驚艷不已。謝謝妳，莉茲。

我們樂團的和聲是伊茲・卡波丹諾（Izzy Capodanno）、柯黛・里得、艾琳・查佐特、艾咪・卡特莉（Amy Carrelli）、傑洛米・史密斯（Jeremy Smith）、珍娜・羅倫茲（Jenna Lorenz）、阿黛拉・米卡洛維茲（Adayla Michalowicz）和艾德格・阿姆塔維（Edgar Amutavi）。這個非常人的團隊是我們公司運作的命脈。只要我的書一上市，她們就一定會讓全世界知道這回事。就好像最佳的合音歌手一樣，她們一邊微笑，一邊完美一致地揮舞手臂、彈手指，盡她們該盡的本分。謝謝你們，麥可洛維茲合音團。

我們的貝斯手是愛瑞安・朵莉森。貝斯是把其他所有樂音緊密接合起來的樂器。愛瑞安就是幫這本書做這樣的事。她把笨重的概念變得流暢又讓人易於接受。她發展runlikeclockwork.com，就是專門為了提供支援，給正在尋覓扶持的無數創業人士。而且，她不但能完成這一切工作，同時還有辦法休好幾次四週的假期，往往還是挑公司最忙的時候休假。她身體力行自己教的內容。我大概再找也無法找到比她更有能力的人合夥了。謝謝妳，愛瑞安。

凱爾希・艾瑞絲是負責敲牛鈴的人。有幸能跟凱爾希一起工作的那種感激，我永遠無法言表。她不只是我們公司的董事，還是個了不起的朋友。而且，她還剛好是地球有史以來最善良的人。凱爾希，我真心感謝能跟妳共事。妳孜孜以求地用我們的作品支持創業人士的一切努力，我永遠銘記感念。謝謝妳，凱爾希。我們需要更多牛鈴啊。

最後但也同樣重要的人，是我的最大粉絲（她有點像我的狂熱追隨小妹啦）——也就是我的妻子克莉絲塔。我打從心裡感謝妳和我們的孩子，如此支持著我寫書以消除創業貧窮的夢想。我對妳與孩子們的愛，文字已無法表達。謝謝妳和我一起走這段旅程。妳活在我心裡，妳就是我生命的一部分。

哈利路亞！我好愛這本書。對我來說，這就是《發條法則》的最佳版本了。我希望你們也有同樣的感受。

發條法則的關鍵名詞

ACDC。業務流程的四個主要階段是：吸引潛在客戶，將潛在客戶轉化為客戶，將承諾的產品交付給客戶，以及收取報酬。大多數業務都按照ACDC的順序進行，但這不是固定的。例如，有些業務在提供服務之前收取付款；還有一些，可能會在潛在顧客成為顧客之前，就提供服務。

大爆炸。一個偉大而美好、大膽又崇高的目標，它驅使你在事業上取得成功。這是吉姆・柯林斯（Jim Collins）為公司定義的BHAG（Big Hairy Audacious Goal，即宏偉、艱難且大膽的目標）的強化版。對於小企業來說，加入美好而崇高的東西是必要的。美好，能吸引企業主；而崇高，則是有目的地激勵企業主。一個既吸引人又為股東服務的公司，就能在實現大膽目標的過程中，帶來成就感。

一定說到做到的承諾。你希望你的公司，在你的潛在顧客及顧客中以何聞名。這是你賭上公司聲譽的東西。

自動發條階段。校準、整合和加速，是自動發條系統的三個主要階段，每個階段都有需要採取的步驟。校準，是為企業或企業中的任何元素帶來效率，不可或缺的前期工作。整合，是達成企業效率的基礎工作，並應用在校準階段中獲得的發現／改善。加速，是用更少的努力，實現更多結果的拓展工作。自動發條階段並不能「一勞永逸」，而是在採用自動發條系統的企業中，永遠存在並發揮它的作用。

第五個D。除了4D活動之外，休息時間是人們恢復和充電的必要時間。

4D。象徵著四種類型的活動，或工作的四個階段，公司裡的每個人都會花時間參與其中。他們不是在進行「生產執行」的工作，就是在替別人進行「判斷決策」，把工作「委派授權」給別人，或者「規劃設計」如何完成工作。在許多情況下，一個人負責的工作會是4D的組合。

四週的假期。大多數企業的所有關鍵活動，都會在四週內完成。因此，作為企業的領導者，如果你離開公司四週，你的企業將被迫自行運作。藉由承諾為期四週的假期，你將立即進入設法讓公司自行運作的心態。

格蘭特的肯納貝戈營地。這是我們家現在的一個傳統。我們都不打獵或釣魚（也不穿迷彩服），所以看起來總是格格不入。但現在，它成了我們的一部分。如果哪天你去了，還碰到我們，請讓我老婆分享一下「被蝙蝠攻擊」、「被水蛭襲擊」、「龍蝦死而復活」的故事。那是我們家的最愛。

摩德小姐飯店。澳洲伯斯必去的地方。他們最近把摩德小姐飯店改名為歐洲飯店了。來點北歐式自助早餐吧，試試蘋果酥皮派。太好吃了。

營運假。本書的讀者（以及其他人）將以此為基礎，優先為自己分配時間，打造自己的企業。類似於獲利優先法則，優先分配獲利，接著才對業務進行逆向管理，以確保獲利。

最佳4D組合。一個公司的最佳組合，是80%的「生產執行」，2%的「判斷決策」，8%的「委派授權」，10%的「規劃設計」。這不是企業家或企業主的最佳組合，也不一定是員工的最佳組合；它是整個企業（由許多人的工作貢獻組成）的最佳組合。

帕金森定律。增加對某種資源的消費，以滿足其供給的理論。例如，分配給一個項目的時間越多，完成該項目所需的時間就越長。

主要的工作。員工在其工作範圍內所做的，最關鍵的活動。必須優先於其他任何工作。

獲利優先法則。在做任何其他事情之前，將預定的公司收入百分比直接分配到獲利帳戶的過程。獲利分配發生在支付帳單之前。完整的過程都記錄在我的書《獲利優先》中。

QBR。女王蜂角色。這是你企業的核心功能，對你的「一定說到做到的承諾」是最重要的。它是一個組織的核心，公司的成功取決於它。

一人公司。獨家擁有和經營自己企業的人。

生存陷阱。這是一種永無止境的迴圈，即以忽視重要的事情為代價，對緊急的事情做出反應。這會讓企業必須仰賴日常的緊急情況才得以生存。建立自動發條化的公司，可以讓你擺脫生存陷阱。

工時分析。追蹤一個人（無論是你，還是你的同事）在工作中，通常是如何度過時間的過程。使用這個工具，來觀察你在４Ｄ的每個環節上投入了多少時間。

頂級客戶。公司最好的客戶，由你決定。通常會是付給你最多錢的客戶，也是你最喜歡合作的客戶。辨別和複製頂級客戶的過程，記錄在我的書《南瓜計畫》中。

捨棄、移轉、削減或珍藏。採取前三個步驟中的任何一個，來移除那些讓你無法為女王蜂角色服務或進行主要工作的事。這個過程，通常會將「判斷決策」的工作交給「低級別」的員工，而把「委派授權」和「規劃設計」的工作交給「高級別」的員工。第四步，珍藏，是為了給執行任務的人帶來快樂的工作。珍藏的工作可以放大快樂，從而提高績效。將個人珍藏的工作與需要完成的工作結合起來。

作者的話

我希望你喜歡《發條法則》這本書。我最深切的願望，是幫助你實現你預想中的事業。我希望這本書，能讓你朝著這個目標邁出重要的一步。

對我來說確實如此。瞧，我不認為自己是一個創造點子的人，更像是一個策展人。我收集想法、策略和故事，並將它們組合起來，增長自己的知識，同時將智慧傳授給他人。在整個過程中，我不斷學習，並希望能有所拓展。這本書為我做到了這一點。

你可能已經注意到，我把這本書獻給了傑

森・巴克。我們既不是朋友也不是家人。除了幾封電子郵件外，我們彼此並不了解。然而，他改變了我的生活。他的故事改變了我內心的某些東西，我決定每年和我的大學朋友去旅行一次。而我也照做了。

我和我的大一室友，以及另外兩個大學室友，組織了一次年度旅行。這張照片是我們最近一次旅行的照片，當時我們參觀了之前的宿舍，去體育場觀看了我們心愛的霍奇隊對聖母大學隊（Notre Dame）的比賽。

你呢？你要做的最重要的事情是什麼？當你在沒有自己的情況下經營了你的公司，你會永遠珍惜哪些回憶？

你值得擁有創業時所憧憬的生活。今天就是你實現夢想的日子。別再拖延了。別再找藉口了。別再等了。

麥克

一起來　0ZTK0045

發條法則

讓事業自動運轉、人生不空轉的最強法則

Clockwork, Revised and Expanded: Design Your Business to Run Itself

作　　者	麥克・米卡洛維茲 Mike Michalowicz
譯　　者	沈聿德
主　　編	林子揚
責任編輯	張展瑜
行銷協力	林杰蓉
總 編 輯	陳旭華 steve@bookrep.com.tw
出版單位	一起來出版／遠足文化事業股份有限公司
發　　行	遠足文化事業股份有限公司（讀書共和國出版集團） 231 新北市新店區民權路 108-2 號 9 樓
電　　話	(02) 2218-1417
法律顧問	華洋法律事務所　蘇文生律師
封面設計	萬勝安
內頁排版	宸遠彩藝工作室
印　　製	通南彩色印刷股份有限公司
初版一刷	2024 年 1 月
定　　價	480 元
I S B N	978-626-7212-47-9（平裝） 978-626-7212-45-5（EPUB） 978-626-7212-44-8（PDF）

照片授權：The first image(the selfie): Photo of Jason Barker taken of himself thanking Mike Michalowicz.

國家圖書館出版品預行編目（CIP）資料

發條法則：讓事業自動運轉、人生不空轉的最強法則 / 麥克 . 米卡洛維茲 (Mike Michalowicz) 著 ; 沈聿德譯 . -- 初版 . -- 新北市 : 一起來出版 : 遠足文化事業股份有限公司發行 , 2024.01
面；14.8×21 公分・--（一起來；ZTK0045）
譯自：Clockwork, Revised and expanded: design your business to run itself.
ISBN 978-626-7212-47-9（平裝）

1. CST: 商業管理　2. CST: 時間管理　3.CST: 職場成功法

494.1　112018427